岩波現代文庫

学術 81

高木貞治

数学小景

岩波書店

序

複雑な式、奇怪な記号、その上に耳慣れない術語。それらの集積が数学を不評判ならしめる原因とされているようである。しかるに、式も、記号も、はた術語も、陳述の便宜のために約束された合い言葉にすぎなくて、もとより、数学において本質的なるものでない。数学において本質的なるものは、数学的なる物の見よう、考え方である。

本書において、最も簡単なる数個の問題を拉《らっ》し来《きた》って、それらを平易に解決する裡において、数学的考察法の一斑を説明することが、著者の意図であったが、式や記号を自由に駆使する数学の技術的側面に関しては、何らの素養をも読者に期待しないために、採択された問題が、数学遊戯の名目の下に、往々軽視される部類に偏倚したことが、やむを得なかった。ただし、遊戯といえども、真剣でなくては、味が出ないであろう。いわんや、遊戯は仮託で、問題そのものよりも、問題の取り扱いに重点が置かれるのである。

数学には、雄大なる構想もあるが、その雄大は粗大でない。極微の末梢においても、寸毫の齟齬を容さない。放胆にして、同時に細心なるところに、数学の特色があるのだが、いま、本書で述べるところは、数学の細心なる方面にある。題して数学小景という所以である。

昭和十八年一月

著　者

再刷について

本書の再刷に際して、若干の誤植、誤記、および挿図中の脱落、転倒等に、訂正を施した。それよりも広汎なる改訂の望ましいところもなくはなかったが、出版界目下の情勢において、急速に実行し難いために、他日を期することにした。特に半偶数次オイラー方陣の不可能性に関する不完全なる証明はこれを削除したが、それに代るべき完全なる問題の解決が容易にでき難いことは、最も遺憾とするところである。

昭和十九年一月

著　者

目　次

ケーニヒスベルグの橋渡り

線　系

ケーニヒスベルグは東ドイツの古い都会である。先年の第一次世界戦争で没落したプロシア王室には深い由緒の地であったが、今度の欧州戦争が勃発して、ドイツ軍がポーランドへ侵入した頃には、毎日のように新聞やラジオで引き合いに出されたので、読者の記憶に残っているであろう。それよりもケーニヒスベルグは哲学者カントの住所として、よく知られている。旅行嫌いのカントは終生ケーニヒスベルグより外へは一歩も出なかったという逸話は有名である。宿命の都ケーニヒスベルグに関係して、伝説的に有名なる数学上の問題――ケーニヒスベルグの橋渡りの問題がある。

ケーニヒスベルグの市中をプレーゲル川が貫流して、それに七つの橋が架っている(第1図)。この川の二つの支流、古川・新川が、市の中央で合流して、大川となるのだが、

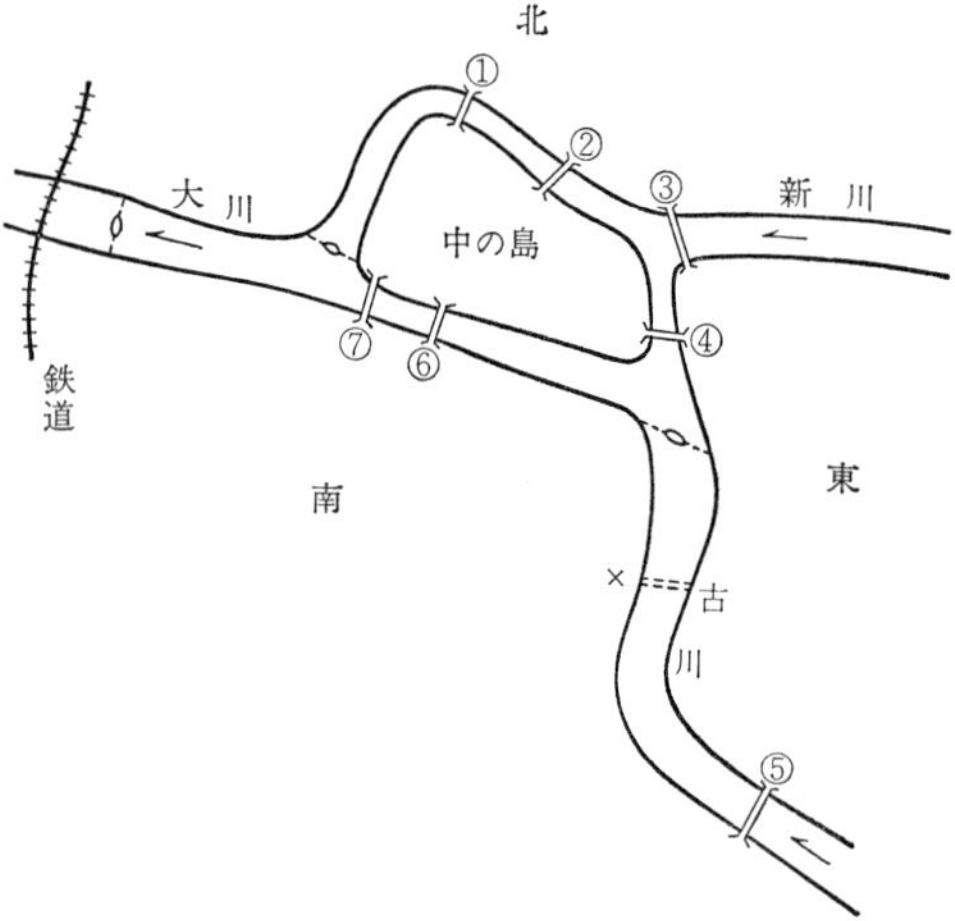

第1図

合流の所に、中の島があって、それが市の商業の中心である。この川によって、市が、北区、東区、南区に分たれているが、中の島とこれらの三区とが、1から7までの七つの橋で、つながれている。川も区も本当の名前を言えば、カタ仮名で長くなって、面倒だから、仮に、古川、新川、ないしは北区、南区などと、日本式に改名させた。七つの橋も一つ一つ由緒のある名前を持っているのだけれども、殺風景ながら、1の橋、2の橋、ないし、7の橋と、呼ぶことにした。

さて橋渡りの問題というのは、これら七つの橋を次々に残らず渡ってしまえ、ただし、同じ橋を二度渡っては、いけない、というのである。同じ橋を二度とは渡らせないという禁制が曲せ者なのである。

七つの橋の爆破を命ぜられた工兵が、爆弾を戦車に積んで、一つの橋を渡るごとに、渡った橋を爆破するとしたならば、彼は目的を達するであろうか。

まず試《ため》しにやってみよう。いま、中の島から出発するとして、1の橋を渡れば北区へ来る。それから2の橋を渡れば、中の島へ戻る。今度は7の橋を渡って南区へ行って、6の橋を渡って中の島へ返る。そうすれば4の橋を渡るよりほかないが、そうすると東区へ来る。まだ渡らないのは3の橋と5の橋とであるが、3の橋を渡れば北区へ行って、1、2、3の橋はすでに一度渡ったのだから、北区からは出られないで、5の橋が渡れない。もしも東区から5の橋を渡って南区へ行けば、3の橋が残って、やっぱり駄目である。

もう一度やってみよう。今度は北区から出発して、1の橋、7の橋、5の橋、3の橋を渡って、中の島、南区、東区を一巡して北区へ帰ったところで、2の橋を渡って中の島へ行く。それから、6の橋を渡れば南区へ行って4の橋が残り、またもし4の橋を渡れば東区へ行って6の橋が残るから、やっぱり駄目である。問題は存外むつかしい。

問題は存外むつかしいようだから、出鱈目《でたらめ》に試行して失敗を繰り返していては、なかなか解けそうにない。敵は思いのほかに手剛《てごわ》いから、作戦計画を練って、取り掛からないと、辛い目を見るであろう。おっくうだけれども、少し頭を働かせなくてはならない！

さて、計画というても、さし当り名案はない。やっぱり、前にやったように、いろいろ順路をきめて、試行をしてみるよりほかには策はないではなかろうか。

問題の橋渡りが、もしも成功するならば、七つの橋を渡る一定の順序があるはずだ。その順序を発見するのが、問題解決の鍵である。そこで、七つの橋を渡る順序というものは、そもそも幾通りあるであろうか。つまり、1、2、3、4、5、6、7の七つの数字をいろいろの順序に並べて、一つも漏れなく書き立てて、その各々の順序に従って、片っ端から、虱潰《しらみつぶ》しに、橋渡りの試行をすればよいのだ。

このように、七つの数字1、2、3、4、5、6、7の並べ方いわゆる順列を、漏れなく調査するのは、わけはない。手分けをしてやればよい。まず第一位に数字1を置くか、2を置くか、ないし7を置くかに従って、計画院に第1局ないし第7局、合せて七局を置くべきである。さて第二位の数字だが、例えば第1局管掌の部面においては、それは2、3、……、7、つまり1以外の六つの数字である。だから第1局では、第二位の数字に準拠して12、13、14、15、16、17の六課を置くべきである。第1局の12課から第7局の76課まで各局同様だから、合せて六・七、四十二課によって、第二位までの数字配置が分掌されることになる。

はて、四十二課とは、おびただしい。しかし、そろそろ数が出て来て、追々面倒になる。だから数学は嫌いなのだ、と読者は言うだろうが、筆者も同感である。この場合、四十二などと厄年見たような数に用はない。ここは、ただ六・七あるいは6・7と言っておくのが賢明なのだ。・は掛け算のしるしである。こうしておくと、今度、第三の数字によって、各局各課に分課を置くとき、その分課の総数は5・6・7とすぐに分かって有り難い。こういうようにして、第六の数字まで行って、最低級の分分分課、例えば第1局の123456分分……課になると、管掌の順列はただ一つ、1234567だけになってしまうから、小使さん一人が、その順列をカードに書き留めて、保管していればよいのだ。そこで各分分分課の小使さんに集合命令を下して、すべてのカードを集めてしまえば、順列の調査は完了であるが、さてカードは何枚あるであろうか？　それは明白だ、すなわち

1・2・3・4・5・6・7　(!)

西洋風で悪いけれども、！を書いたのは、明白を強調するためにすぎない。ところが、皮肉なことだが、数学では、このように1から7までの七つの整数を掛け合せた乗積を7!

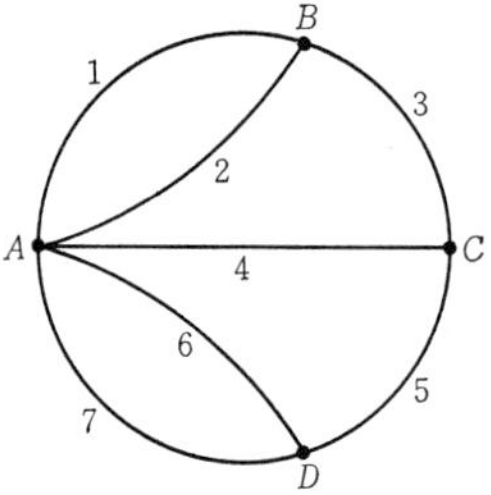

第2図

と略記して、それを7の階乗と称する申し合せがある。この場合！にもちろん感嘆の意味はない。ただ印刷の便利上、有り合せの活字を利用するのであろう。よって例えば100! と書けば、それは1から100までの百個の整数の乗積を意味する。

小使さんが持ち寄ったカードが7!枚。それでは何枚だか分からない、というならば、計算をして見ればよいのだが、筆者は偶然記憶している。7!＝5040である。

さて橋渡りの問題では、道順(橋順)を記したカードが何枚あるかという、その数よりも、一枚一枚のカードに記されてある道順そのものが大切なのである。その順序通りに七つの橋が渡られるか、どうか、一つ一つ試行するはずであったが、それに取りかかる前に、ケーニヒスベルグの地図を整理しておこう。橋渡りの問題としては、ケーニヒスベルグの四つの区が、七つの橋で連絡している、その連絡の具合だけが必要なのだから、その連絡を見やすく示すことを第一条件として、地図をつぎのように、書き直してみる(第2図)。A は中の島、B、C、D は北、東、南区で、橋の番号は前の通りである。区が小さい点になって、橋が長くなったり、曲ったりしたけれども、それは少しも差し支えないであろう。橋渡りの問題は、つまりこの図を一筆書きに書くことにほかならない。

そこで、カードを一枚取り出して、例えば

1 2 7 6 4 3 5

というのをやってみよう。第一に1の橋を渡るのだから、AかBかから出発しなくてはならないが、もしもAから出発するならば、Aから1を渡ってB、Bから2を渡ってA、Aから7を渡ってD、Dから6を渡ってA、Aから4を渡ってC、Cから3を渡ってBへ来るが、Bから5へは渡れないから、この順序はいけない。これは前の第一回の試行の通りである。またもしBから出発するならばBABまでで行き詰まる。このカードは駄目だから、のけておく。こういうようにして、一枚、一枚のカードを始末して行けば、問題は解決される。すなわちいつか幸福なるカードに遭遇して、橋渡りがめでたく成功するか、あるいはどのカードもみな駄目で、問題の橋渡りは不可能と確定するかである。不幸にして不可能と確定しても、問題は解決されたのである。

問題は要求の形で提出されるのが常例である。かくかく、しかじかの事をやれという注文である。その注文の通りに、うまく行けば、問題は解決されたのであるが、いつでも、そういうおめでたい解決を期待するのは、虫がよいというものであろう。無理な注文はできっこない、というのも解決である。そんな注文には、以後取り合わないですむからだ。一例として、地上に天国を建設するという問題を取ってみるならば、それは矛盾を含む問題だから不可能だと、一蹴するのも一つの解決案であろう。ただし、不幸にして、この問題は明確ならざる問題である。それは天国の輪郭が鮮明でないからである。ケーニヒスベルグの橋渡りの問題は明確で、それを必ず解決すべき計画もできている。余すところは、その計画を実行に移すことだけである。例のカードは五〇四〇枚で、その一枚一枚を処理する方法もすでに述べた通りだから、カード調製と、カード処理と、合せて平均一枚に一分を要するとして、八十四時間、十時間労働なら九日でできる。

消閑のために、橋渡りの話に乗ったのだが、いかに有閑でも、八十四時間までは根気が続かない。馬鹿馬鹿しい話である。実際、馬鹿馬鹿しさは、八十四時間のためばかりではない。もしもケーニヒスベルグで橋をかけかえて、連絡が変更されるならば、調査は新規蒔直《まきなお》しというわけだ。まだしも、ケーニヒスベルグで仕合《しあわ》せだが、もしも大阪なんかだったら、大変だ。大阪に橋がいくつあるか知らないが、仮に主な橋を百だけ取っても、カードが 100! 枚になる。100! と一口に言っても、それは 1 から 100 までの百個の整数を掛け合わせた積であった。このような掛け算は、容易にできるものではない。しかし、数学者は掛け算を実行しないで、ある狡猾な手段で100!の概略の値を出すということだから、それを計算してもらおう。面倒臭そうであったのを無理に頼んだところが、ではしばらく待てといって、何か表のようなものを出して、こつこつ計算をしていたが、二、三分の後に、こんなスリップをくれた。

$$933\overset{(131)}{\cdots\cdots}00\overset{(24)}{\cdots\cdots}00$$

　数字は全体で百五十八なのだが、……のところの百三十一の数字はちょっと分からない。おしまいに○が二十四並ぶことは、誰にでも分かるだろう、と言うのである。それを何億万というのかと聞いて見たらば、苦々しそうに、九十三万三千億億億……と億を十九重ねるのだが、それよりも、9.33×10^{157}と言ったらよかろうと答えた。

　とにかく、大阪の百橋渡りを試行で解くには、人生はあまりに短いようである。カード調べで橋渡り問題を解くことを、われわれは断念せねばなるまい。しかるに、伝説によれば、数学者オイラーはケーニヒスベルグの橋渡りは不可能であると、即座に断言したということである。オイラーには、どうしてそのような断言ができたであろうか。ここにも何か狡猾な手があるのであろう。われわれも、よく考えてみようではないか。まず六頁に掲げたような図を一般的に考察する。そこには、いくつかの与えられたる点が、いくつかの与えられたる線で結び付けられている。ただし、二つの点を結ぶ線は一つとは限らないが、反面において、すべての点の間に連路がある、すなわちどの一点から、どの一点へでも、どれかの線を辿って行き着くことができるのである。

このような図が話題になるのだから、それに何か短い呼び名を付けるのが便利であろう。適切な名案もないから、仮に線系ということに約束をしよう。

そこで、一つの線系が与えられてあるとき——与えられてあるというのは、それを自分勝手に変更してはいけないという意味であるが——そのとき、その線系の一筆書きができるか、というのが、われわれの問題である。一筆書きの意味は前に述べた(七頁)が、つまり同じ線を二度は通らないで、全部の線を続けて書いてしまうのである(もっとも線系は一平面上にあることを要しないのだから、あるいは一本の針金を曲げてその線系が作られるかというてもよろしい)。

さて線系の一筆書きができるならば、その線系の点の中で、一つは出発点(書き始めの点）、また一つは終止点（書き終りの点）で、その他の点は途中の通過点でなければならない。いまAを出発点とすれば、まず一つの線に沿うてAを出るのだが、もしもAに集まる線が一つよりも多いならば、他の線に沿うてAに戻って、すぐにまた他の線に沿うてAを出なければならない。すなわち始めが出で、それからは入出・入出、が幾回か繰り返されて、結局Aに集まるすべての線が通過されてしまうのだから、Aに集まる線は1本または3本、または5本、等々すなわち奇数でなければならない。終止点の場合には出入が反対になるだけで入出・入出が幾回か繰り返されて、最後が入だから、終止点に集まる線はやはり奇数である。ただし、出発点と終止点とが同一の点であることもあろう。すなわち或る点から書き始めて、その点で書き終る場合である。この場合には出入・出入が繰り返されて、最後が出入の入で終るのだから、その点に集まる線の数は2または4または6等、すなわち偶数である。

途中の通過点では入出、入出が繰り返されて、入に始まって出に終るのだから、その点に集まる線の数は偶数である。

以上の考察によれば、線系において、一つの点に集まる線が偶数であるか、奇数であるかの差別が、われわれの問題に関して重要なる意味を有するようである。だからこの差別

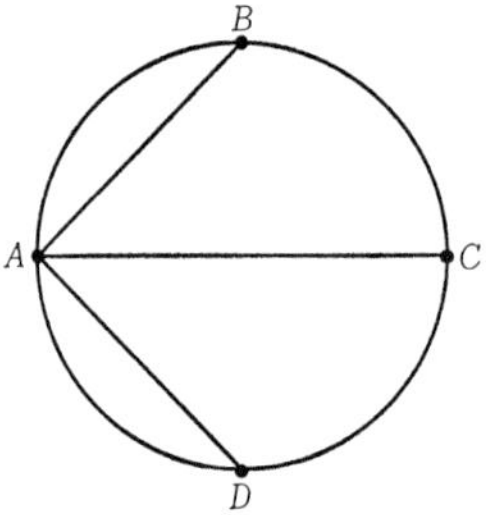

第3図

を鮮明にするために、右の二種類の点に、短い呼び名を付けたいのである。第一種、第二種でも、あるいは甲類、乙類でも、差別はできるが、それでは機械的というか、官庁式というか、あまりに無表情だから、仮に偶点、奇点と呼ぶことにする。

　われわれは、しばしば名付け親の役目を仰《おお》せ付かって、迷惑をするのである。しかし、いつでもまず実体が確定していて、呼び名はその実体を確認するなかまの中だけの合い言葉なのだから、命名の責任は軽いのである。したがって、名前を元にして、名前から実体を推定することは、お断わりである。実体はありやなしや、あったとしても、漂う泡の如し、といったところで、まず厳《いか》めしい名前を製造して、その名前の威力によって、泡を固めよう、といった魔術とは、反対の行き方である。とにかく、上記の奇点、偶点なる名称は、この意味で了解されたい。

　これは脱線であったが、線系の問題へ返って言えば、一筆書きの成功するのは、線系に奇点が一つも無いか、または奇点がちょうど二つだけ有る場合に限ることが分かったのである。

そこで、ケーニヒスベルグへ返って、前に出した地図を、いま一度書いてみる(第3図)。この場合、線系の四つの点A、B、C、Dはみな、奇点である。すなわち奇点が二つよりも多いから一筆書きはできない。だから、ケーニヒスベルグの橋渡りが不可能であることをオイラーが断言したのは当然であったのである。

ついでに、一筆書きのできない線系の例を挙げてみよう。三つ又にも、十文字にも、サツマ様の御紋にも、奇点が四つあるからいけない。

ケーニヒスベルグの七つ橋渡りの問題は解決されたけれども、せっかくここまで来たのだから、とてものことに、一般の線系に関して、せめて一筆書きの問題だけでも、すっかり片付けよう。

線系の一筆書きが、できるか、できないか、それを試行によって見分けることは、むつかしい。大阪の百橋に関して述べたように、線が100あれば、100!回の試行が必要で、その100!が恐ろしく大きな数であった。しかるに、線系に奇点がいくつあるかを見るのはたやすい。線系に線が100あれば、点は多くとも101なのだ

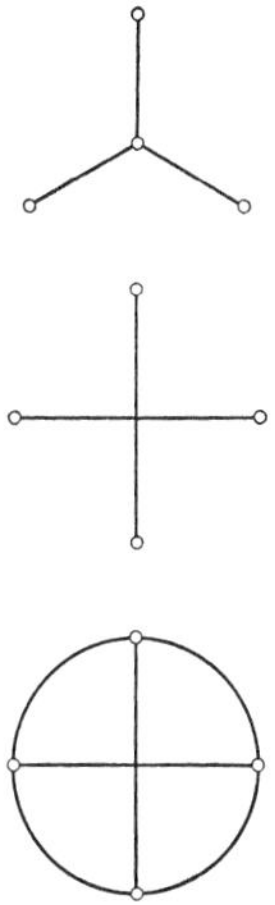

第4図

から、その101の点を片っ端から、点検すればよい。101と100!とは、見たところは似ているが、実体においては、室内散歩と月世界への飛行とより以上の相違がある。それこそ、霄壌不啻《しょうじょうふし》である。

線系の一筆書きが、できるか、できないかを見分けようという、むつかしい問題が、その線系の奇点を数えるというような、たやすい手段で解決されるならば、幸いである。

一筆書きのできる、できないということと、奇点の数との間の関係について、われわれはすでに、ある手掛りを得たのであった。すなわち

㈠　一筆書キガデキル　ならば　奇点ノ数ハ0マタハ2デアル

ということである。これは手掛りにすぎない。これだけでは、問題は解決されない。なぜなら、

㈡　奇点ノ数ガ0マタハ2　ならば　一筆書キガデキル

ことがいまだ保証されてないからである。㈠と㈡とでは、話がくい違いである。ある中学校の選抜試験に合格したものは、小学校で一番または二番であったことが事実であったとしても、小学校で一番または二番であったものが、果して全部合格したであろうか。

(第一)　まず奇点の数が0、すなわち線系の各点が偶点である場合を考察する。そのと

き線系の随意の一点Aを起点として、一つの線ABを書いたとする(第5図)。あとはBを起点として残りの線を一筆に書いてしまえばよい。すでに書いた線ABを消してしまって、線の数が一本少い線系の一筆書きができればよい。

ABを消してしまえば、残りの線系では、AもBも奇点になるが、A、B以外の点は元の通り偶点だから、残りの線系は奇点二つの線系である。ただし、ABを消したときに、線系が二つの線系に分割されて、その間に連絡がなくなるならば、一筆書きはもちろんできないから困るのだが、実際は、そういう心配はないのである。なぜなら、もしも仮に、ABを消したときに、線系が互に連絡されない二つの線系に割れるとするならば、それらの線系において、AとBとが、それぞれ、唯一の奇点ということになるのだが、しかるに――〔後に述べるように〕およそ、線系がただ一つの奇点を有する、ということは、絶対に有り得ない。だから、上記のような、線系分裂の心配は無用である。

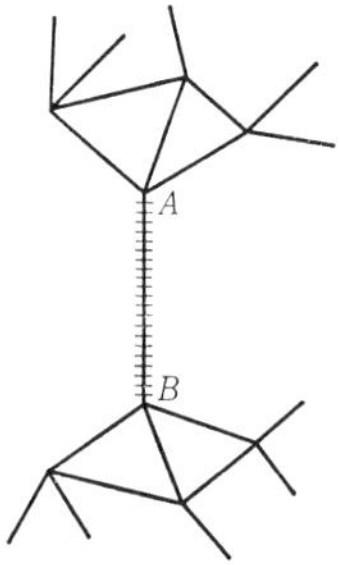

第5図

(第二)　つぎに線系の奇点は二つで、それらをA・Lとしよう(第6図)。Aを起点として、Aを隣りの偶点Bに結び付ける線ABを書いたとして、その線A

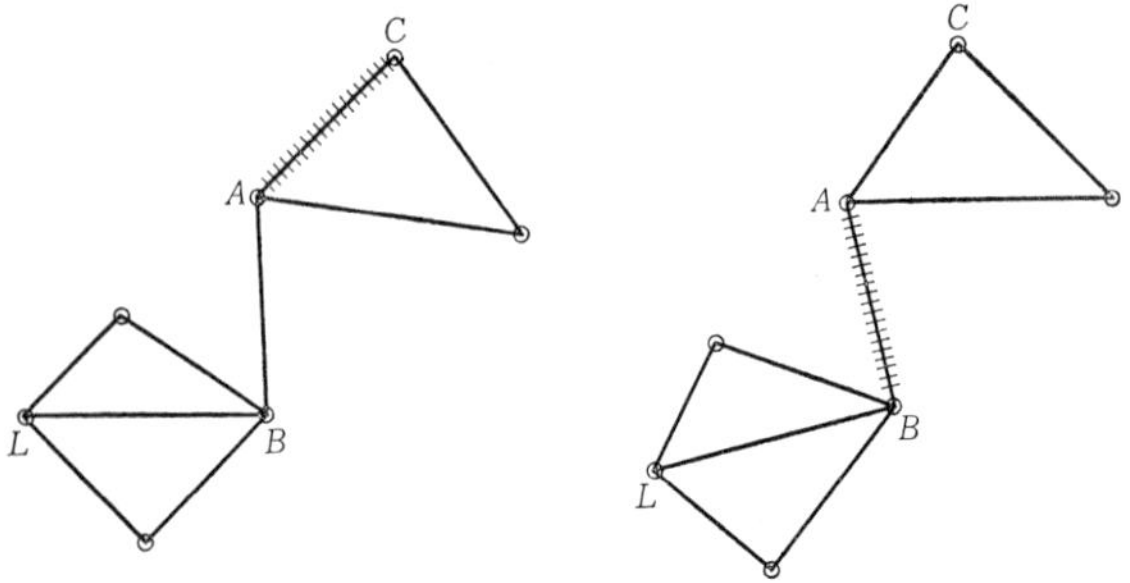

第6図

Bを消してしまえば、残るところの線系では、Aは偶点、Bは奇点になって、奇点はBとLとの二つであるが、その線系をBを起点として一筆に書けばよい。ただ、今度もABを消したときに、線系が二つの互に連絡されない線系に分裂しては困る。もし分裂が起るならば、前に言うたように、線系の奇点がただ一つということはないのだから、奇点になったBを含む方の裂片に、元からの奇点Lが属する。したがって偶点になったAを含む方の裂片では、すべての点が偶点である。その中Aに隣る一つの点をCとしてACを消しても分裂は起らないことは第一に述べた通りである。よってABの代りにACを書き始めにして、すなわち始めに消したABを復活して、その代りにACを消せば、残る線系は分裂しないで、線が一本少くなる(第6図)。

（第二の続き）　前には奇点Aと、それに隣る偶点Bとを結ぶ線ABから書き始めると言うたが、もしもそのような偶点Bがないときには、どうするか。なるほど、そのような場合もある。その場合には、つまり線系の点が奇点A、Lだけで、線系はAとLとを結ぶ奇数個の線から成り立っているのである。だからAとLとの間をAL・LA・AL・LA・……と往復すれば、Aから始めてLで書き終れるから、よろしい（第7図）。

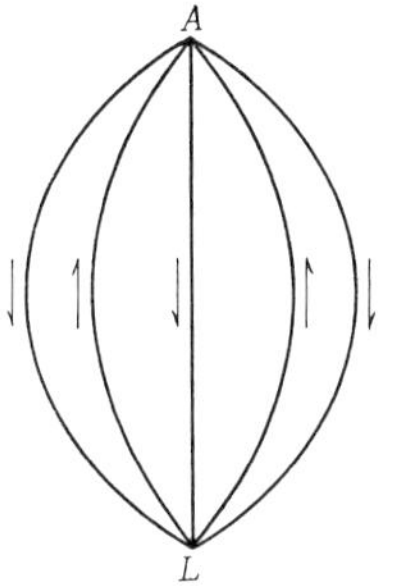

第7図

（総括）　奇点がないか、または奇点が二つだけある線系が与えられたときに、上記、第一、第二に述べた方法を繰り返せば、線系を分裂させないで、奇点は、いつも二つで、そうして線が次々に一本ずつ少くなって行くから、終には線が一本しかない線系に達して、一筆書きが成功するのである。

残るところは、前に保留した一つの問題である。それは

　およそいかなる線系でも、奇点がただ一つということはない

というのであった。果して然るや、否や。

もしもわれわれが、奇点がただ一つなる線系を書いてみようと試みるならば、それはなかなか成功しないであろう。このような問題は試行では解決されない。幾億の線系を書いてみて、その中に、求めるものが、なかったとしても、線系は無数(無限)にあって、それを書き切ることはできないから、求めるものが絶対にない、と断言することができない。試行によっては解けない問題を解くには、試行以上のある狡猾なる手段を要するであろう。

狡猾は天来で、狡猾なる手段の発見法というものはない。御稲荷様へ百度参りをするとしても、その効果は保証されない。

科学する心があっても、なかなか科学ができ上らないのも、その淵源、実に、ここに存するのである。

狡猾なる手段となると、より多く狡猾なのは、より多く狡猾なる手段を持つであろうが、いま、つぎに、手近な一つの手段を試案として述べてみる。

線系の各点に集まる線の数を、各点について一つ一つ調査して、それらの数の総〆をするならば、それは線系の線の総数——ではなくて、それの二倍である。なぜなら、一つの線ABはAから出る線として、またBから出る線として、二度ずつ数えられたから。

例えば、ケーニヒスベルグの線系(第2図)では点Aからは五本、B、C、Dからは各三本ずつの線が出ていて、その総〆は5＋3＋3＋3＝14すなわち線の数7の二倍である。右の総〆が、線の数の二倍であるから、右総〆は偶数である。線の数の二倍ということに拘泥しないで、偶数ということだけに着目するところが、狡猾なのである。

さて右の総〆の中で、偶点から出る線はもちろん偶数だから、それらは、捨ててしまって、奇点から出る線だけを合計しても、それはやはり偶数である。偶数から偶数を引けば、残りは偶数だから。

奇点から出る線だけの合計、それを仮に半〆と名付けても、誤解は起らないであろうが、その半〆が偶数である。

さて各奇点から出る奇数個の線の中、一本ずつを残して、その他の偶数個の線を、右の半〆から除いてしまえば、残りは偶数である。――偶数から偶数を引けば残りは偶数だから。

このように、半〆を縮小した残り、すなわち各奇点に対して一本ずつの線の小計を仮に奇〆と名づけよう。奇〆が、問題のキジメだから！

駄洒落は脱線だが、各奇点に対して一本ずつの線の小計なる上記の奇〆が偶数ならば

——何のことだ！　つまり奇点の総数が偶数なのではないか。

すなわちわれわれは次の結論に到着したのである。

およそいかなる線系でも、奇点の総数は偶数である。以上、われわれは奇点が有ることを黙認して、話を進めたが、奇点の一つも無い線系ももちろん存在する。だから右の結論を訂正して、すべて線系には奇点が無いか、また奇点が有れば、その数は偶数である、と言うべきである。しかし、われわれは有と無との対立を超越して、奇点が無いと言う代りに、奇点の数は0(零)であるという。われわれは0をも数(整数)の中へ入れて、0を偶数と見る。偶数とは、整数の二倍で、0は0の二倍なのだから、ちょうど好都合である。このように、0を偶数の中へ入れることにすれば、われわれの結論は、やっぱり上記の通りで差し支えない。奇点が無いことを特別に強調しないで、奇点の数は2でもあり、4でもあり、6でもあり、また0でもあり得るとするのである。零の発見！　これも狡猾手段のはしくれである。

とにかく、奇点の総数は偶数なのだから、奇点がただ一つということはあり得ない。

以上、線系論の中の一筆書きの理論はできたから、二、三の例を挙げよう。

碁盤の目のような網では周囲に奇点がたくさんあるから、一筆では書けない。すでにも

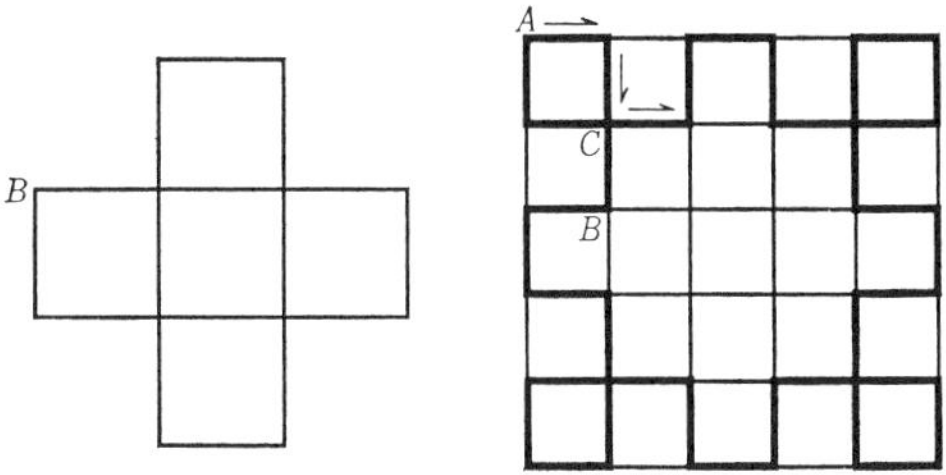

〔2〕　〔1〕

第8図

っとも簡単な田の字がいけない。しかし、碁盤の場合、周りの目を一つ置きに開いてしまえば、奇点は一つもなくなるから、一筆書きができる。できるといっても、あまり下手にやれば、成功しない。そのときに、理論と実際とは違うなどと言っては、いけない。

いま、簡約して、上の図(第8図)について、やってみる。奇点は一つもないから、任意の点、例えば一隅の A から始めて、一筆に書いてみよう。そのとき、図の太い線を矢の向きに進んで、A に返ってしまえば、中央の十字架のような部分(第8図〔2〕)が残る。これは失敗である。しかし、ここで失望しては、いけない。われわれの通った途で、B まで来て、それから急いで C へ行ったのが、無分別であったのである。B から C へ行ったのが、三頁に述べた禁制の橋を渡ったのであった。われわれの通った途と、通り残した〔2〕の十字架との最後の

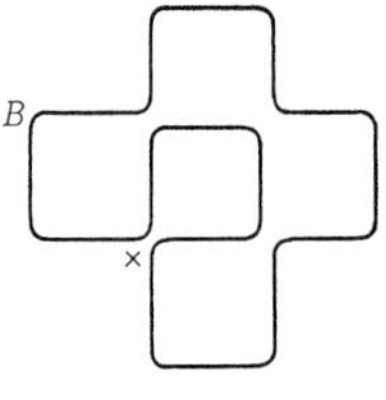

第9図

接触点はBである。だから、BからCへ進む前に、まずBから十字架を渡ってBへ返って、その後にCへ進めば、よかったのである。しかし、Bから始めて、十字架を一筆で書いてBへ返られるであろうか。それも心配だが、前の失敗通路の途中で通過した各点において、入出・入出を繰り返したのだから、通り残した十字架にも奇点はないはずである。だからBから十字架を通りおわって、Bへ返られるはずである。それを実行してみよう。懲りているから、今度は少し注意しよう。上(第9図)のような心持ちで書けば安全である。×印の所で、失敗の経験を善用したのである。

このような失敗通路の修正は、最後の機会なるB点を待たなくともよい。途中、十字架と接触するどの点で行っても、もちろんよろしい。敏感なる読者が看破したであろうように、上記、失敗通路は実は基本通路である。基本通路と書き残された線系との接触点をBとして、そのBの所へ書き残された線系の通路を補入すれば、完全通路ができ上る。だから、失敗通路は、問題の簡易化で、その意味は深長である。

お団子を書くのに、最初に串を書くのはあまりに単純だが、あとで、それを訂正して

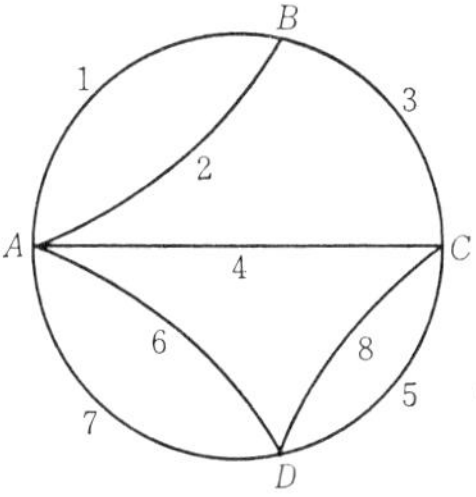

第12図

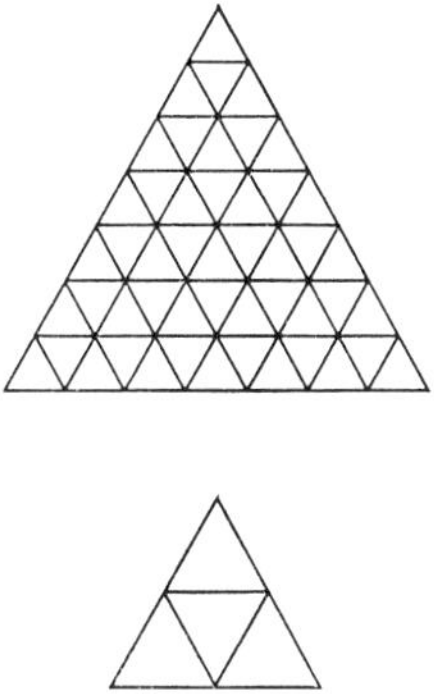

第11図

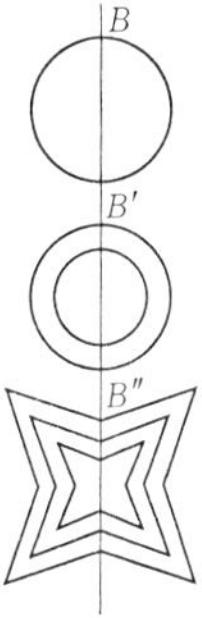

第10図

B、B'、B''の所へ団子を補入すればよい。複雑な串もあり、複雑な団子もあろうが、いつでもこの手で行くであろう。

碁盤は四角網だったが、三角網なら簡単である。これの原形は北条の鱗である。奇点は一つもない。この一筆書きは容易であろう。

忘れぬうちに断わって置くべきことがある。ケーニヒスベルグでは、その後南区と東区との間に(第1図、×印、点線の所)一つの橋が架ったから、線系は上のようになって、奇点はABだけである。この八つ橋渡りは容易にできる。例えばAから出発して13574862の順に渡ればよい。

つぎに掲げるのは、物理学者リスティングの著書、位相学試案(Listing, Vorstudien zur Topologie, 1847)からの孫引である(第13図)。

第13図

左右両端だけが奇点だから、一筆書きができる。凝り性の読者は、一筆書きを実行してみるであろう。さらに凝り性な読者は自らこのような一筆模様を考案するであろう。そうして、複雑に見える多数の線は、奇点を無くする手段であって、見る人には複雑でも、作る人には安楽であることを体験するであろう。でき上りの模様の対称性は、見る人を喜ばせながら、作者の手数を省く一石二鳥の妙案であることも同様である。

一筆書きの余談であるが、前に述べたように、線系の奇点の数は必ず偶数である。もしも奇点の数が四つ、六つ等々なるときには、それを書くにはどうしても二筆、三筆等々を要することは明らかである。しかし、奇点が四つあるとき、果して実際二筆で書けるであろうか。一応考えてみよう。まず一つの奇点から出発して、他の奇点まで一筆で書いたとして、それを甲と名づけよう。そのとき、途中通過の点では入出・入出を繰り返すのだから、奇点に増減はない。よって残りの線系には、奇点が二つある。しかし、残りの線系が二つの線系に分裂することはあり得る。ただ、線系がただ一つの奇点を含むことはないから、分裂して生じた線系の一方(乙)が二つの奇点を含み、他の一方(丙)は奇点を含まないであろう。だから、乙も丙も一筆で書けるが、そうすると始めの線系を書くのに三筆を費すことになる。ところが、始めに書いた甲の途中の或る点は必ず丙に接触するから、その点から始めて、その点で終るように、丙を一筆に書いて、それを甲の中へ組み込むことができる(この方法は前にも用いた。二二頁)。こういうようにして、二筆書きができるのである。同様にして、奇点が六つある線系は三筆で書ける。一般に奇点が$2n$ならば、n筆で書ける。

これも余談であるが、どんな線系でも、各線をきっかり二遍ずつ通ることにすれば、一気に書ける。線系の各線を複線にすれば、各点が偶点になってしまうからである。例えば、東京市の電車線路を一つの線系と見れば、全線路を、重複も遺漏もなく、連続して通過することができる。これも、あまり軽率に断言はできない、というのは、電車の場合は一つの線を二遍通るといっても、往きと復りと必ず反対の向きに通らねばならないという条件が付くからである。

あまり長くなるから、簡単な一例(第14図)を挙げ

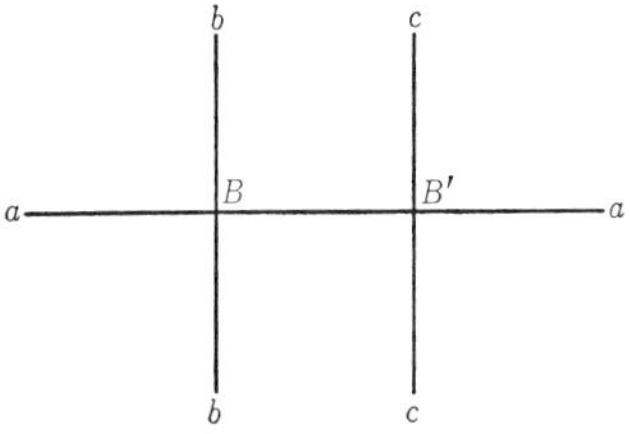

第14図

aa, bb, cc を一筆書きのできる線系の象徴とする．それらは反対の向きに往復ができる．それらの順路を交叉点 B, B' でつなぎ合わせればよい．

て、あとは読者に考えてもらうことにする。

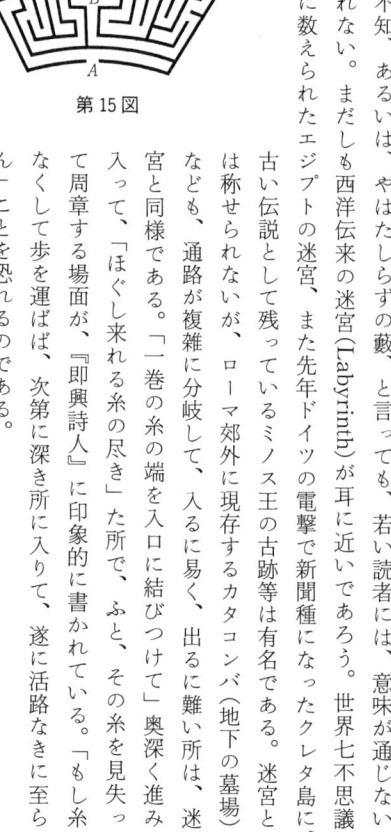

迷　宮

八幡不知、あるいは、やはたしらずの藪、と言っても、若い読者には、意味が通じないかも知れない。まだしも西洋伝来の迷宮(Labyrinth)が耳に近いであろう。世界七不思議の一つに数えられたエジプトの迷宮、また先年ドイツの電撃で新聞種になったクレタ島に、古い伝説として残っているミノス王の古跡等は有名である。迷宮とは称せられないが、ローマ郊外に現存するカタコンバ(地下の墓場)なども、通路が複雑に分岐して、入るに易く、出るに難い所は、迷宮と同様である。「一巻の糸の端を入口に結びつけて」奥深く進み入って、「ほぐし来れる糸の尽き」た所で、ふと、その糸を見失って周章する場面が、『即興詩人』に印象的に書かれている。「もし糸なくして歩を運ばば、次第に深き所に入りて、遂に活路なきに至らん」ことを恐れるのである。

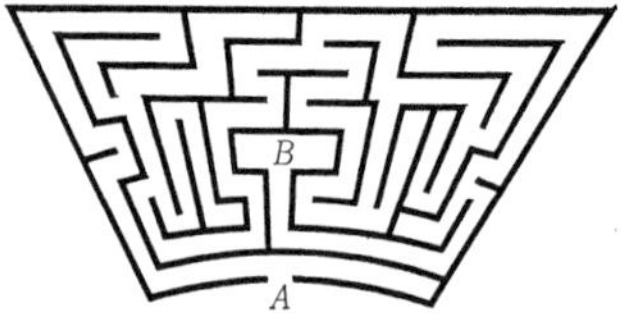

第 15 図

近世には、迷宮の模型が、娯楽のために、王侯の庭園内に作られて、若干は現存している。第15図は、ロンドンのハンプトン・コートの迷宮である。黒い太い線は、生垣で、白い所は通路である。迷宮の中央Bに高い木が二本あって、その下にベンチがある。出入口は一ケ所しかない。その出入口Aから入って、Bの立木の所へ行き着いたらば、コーヒーでも、というところだが、ともかく、ベンチで休息して、Aの出口へ返らねばならない。

Bのベンチまで行き着けない人もあろう、ベンチまで行っても出口へ返れない人もあろう、というので、親切な道しるべができている。それは「どこまでも生垣を右手に見て進みなさい」というのである。この道しるべに従えば、入口から右へ行って、直ぐに行き詰って左へ戻ることになる。始めから左へ行けばよいのに、みすみす廻り道をさせられて、馬鹿馬鹿しいようであるが、もしも迷宮入りが命がけならば、近道は二の次として、安全第一をモットーとすべきであろう。始めから近道ばかりを狙っているならば、奥深く進んだときに、泣くより外の道がなくなるかも知れない。現に即興詩人の画工某は、カタコンバの奥で糸巻の糸を見失ったとき、連れて来た少年を抱きしめて「あまたたび接吻し、可愛き子な

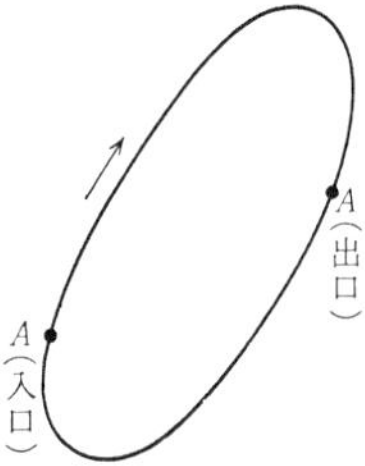

第16図

り、そちも聖母に願え」と絶望の悲鳴を上げたではないか。

さて、ハンプトン・コートの道しるべは迂遠らしく見えるが、それは果して確実であろうか。われわれは幸に迷宮の地図を持っているのだから、無計画で迷宮へ飛び込む前に、まずその地図を検討しておこう。

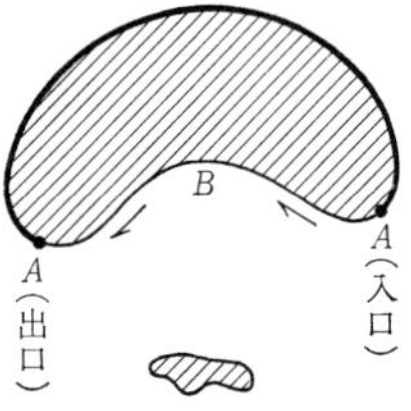

第17図

実地の迷宮では、生垣は見通しを遮ぎるために設けてあるのだが、地図の生垣にはそういう力はない。しかし、生垣は分岐や曲折が複雑で、一見して全体の連絡を知ることが困難である。いま、想像力を助けるために、地図の黒線を濠と見なして、Aの右側から濠へ水をどしどし入れると仮定しよう。そうすれば、連絡のある限り、濠に水が満ちるであろうが、迷宮の外側の濠が、Aの左側まで繋っていることは地図を一見して明らかだから、そこへも水は来るであろう。濠と言ったのは、細長いからであったが、水の満ちた窪地ならば、池といってもよいであろう。その池の岸にAの右、左に入口、出口があるのだから、Aから池に沿うて、道しるべの言う通りに、水を右に見るようにして、どこまでも進むならば、いつかはAの出口へ達せられるであろう。もちろん水を左に見るように、進んでもよいが、道しるべの教える通りを厳守して、途中で疑念を起して、外の道へそれるようなことをしないならば、無事に出口へ返られることだけは、確実である。しかし、その途中で、B のベンチを通過するであろうか。それは別問題である。もしも B が池の中の島にあるならば、もちろん行けないが、あるいはまた B が池の岸を離れた所にあるならば見落すかも知れない。

準備的の考察を一まず打ち切って、ともかくも、行動に移ろう。さて、計画の通りに歩いてみると、幸いに B のベンチで休息して、A の出口へ返ることができた。そうして迷宮の地理がおおよそ分かったようだから、概要図を書いておこう。第17図がそれである。われわれの通路は矢印で示した。池の岸の太い線の部分はわれわれの通らなかった所で、すなわち迷宮の外側である。なお途中で、水の入らなかった空濠のあるのが認められた。それは(第15図)迷宮の B の右手の弓という字のような、切り離された生垣である。われわれは迷宮を「池のお化け」と考えた。彼女は昼間、人を迷わすために、不自然な窮屈な姿勢をしているが、夜深けて人の見ない折に、体軀を伸ばして休息するでもあろう。そのときの彼女の姿は、右の概要図(第17図)のようでもあろうかと思われるのである。

生垣を右に見て、どこまでも進め、というような単純な方法は、幸いにハンプトン・コートの迷宮では成功したけれども、このような方法では、迷宮の内を隈なく歩くことには、

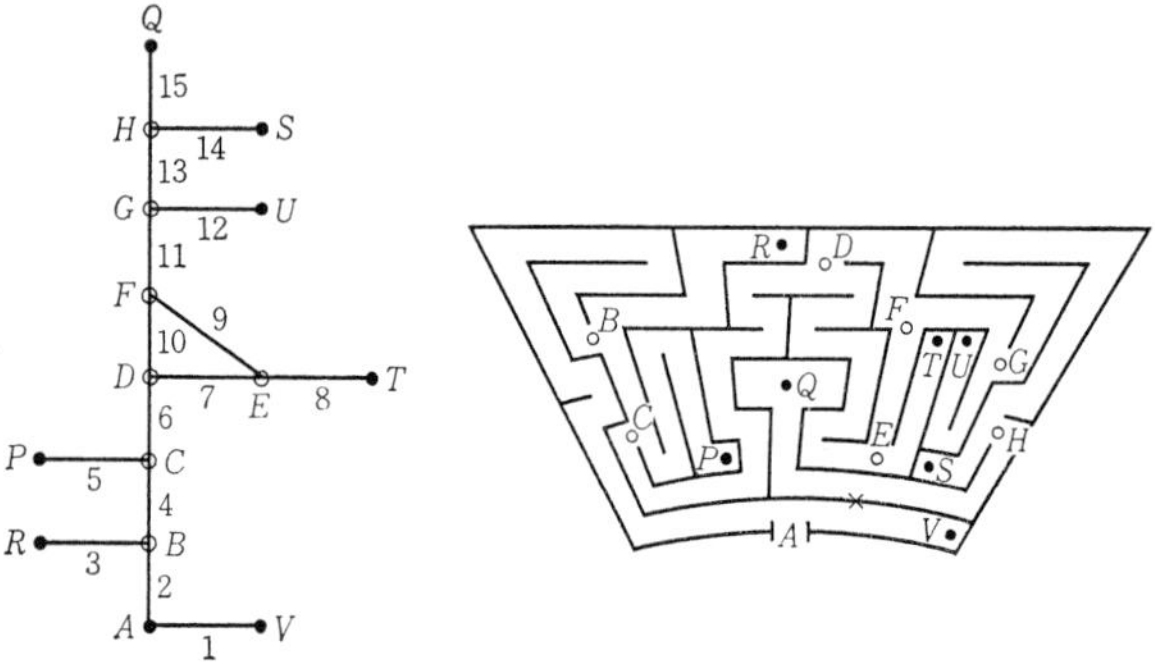

第18図

必ずしもならない。例えば、もしも、つぎの図(第18図)の×の所で生垣が切れていたとするならば、長い途を歩いて、Qのベンチに触れないで、空しく出口へ返るであろう。もっとよい例は、大都会の街路である。いま東京市を街路の迷宮と考えるとき、右の方法を忠実に実行するならば、すなわち人家を右に見つつ街路を進むならば、隣組の各戸の門前を通って、たちまち出発点に返ってしまうであろう。

いま、迷宮内の通路の連絡を考究するために、それを一つの線系として取り扱ってみよう。通路には行き止りがあり、また分岐がある。単なる折れ曲りは考慮を要しない。ハンプトン・コートの場合、左から順に右へ、分岐点には○印、行き止りには●印を付けてみると、第18図のように、分岐点は、入口Aのほか、B、C、D、E、F、G、Hの七つで、行き止りはP、Q、R、S、T、U、Vの七つである。それらの点の間の連絡を調べてみよう。まずAから右へ行けば、Vで行き止る。左へ行けば、分岐点Bに達する。Bから左(ABの向きにBへ来たとして言う)へ行けば、Rで行き止るが、右へ行けば、分岐点Cに達する。このようにして、すべての点の間の連絡を調べ上げるならば、第18図左のような線系ができ上るであろう。

この図で見えているように、D、E、Fの間に閉じた道があるから、その中に孤立した生垣のあることが分かる。この閉じた路に気付かないで、そこを、ぐるぐる廻っていると、ベンチへも行けず、また出口へも返られなくなってしまう。これが、ハンプトン・コートの迷宮の山であろう。

われわれは、第18図左のような、線系を、迷宮の図によって作ったのである。迷宮の図のない場合、すなわち未知の迷宮の場合に、このような形相図が、どうして作られるであろうか。こういう問題が生ずる。この問題を解くためには、迷宮内の通路を一つも漏らさず通る方法を考えねばなるまい。そこで、思い出すのは、どんな線系でも、各線を二度ずつ通れば、一筆書きができるという定理である(二五頁)。

あの定理を応用するならば、どんな迷宮でも、その通路を漏れなく通ることは、容易であろう。容易といっても、少しばかりの注意は必要で、油断をすれば失敗する。いま、注意すべき事項を箇条書にしてみよう。

迷宮探険に関する注意。――(第一)行き止りの点へ行ったら、引き返すこと。(第二)始めて或る分岐点へ行き当ったら、引き返さないで、どの道でもよいから進行すること。(第三)すでに通った分岐点へ再び来たとき、(イ)始めての道を来たのなら、その道を引き返すこと。(ロ)またもし二度目に通った道を来たのなら、いまだ通らなかった道を進むこと。(ハ)それができなければ、一度しか通らなかった道を進むこと。

分岐点へ始めて来たとか、再び来たとか、言うから、目印のためにⒶ、Ⓑのような板でも用意して持って行かねばなるまい。始めて分岐点Aへ来たときに、そこにⒶを置くのである。また同じ道をちょうど二回だけ通るはずだから、始めて通るときと、二回目に通るときとの目印に[1]、[1′]、[2]、[2′]などと記した杭でも持って行こう。

そうして、注意事項を読んでみる。(第一)(第二)は無難だが、(第三)はややこしいから、よく読んでみねばなるまい。まず(イ)はよい。(ロ)では、いまだ通らなかった道を進めと言うが、そんな道がなかったら、どうするのだ。それは(ハ)に書いてある、一度しか通らなかった道を進めというのだ。そのような道があればよいが、もしもなければ、立往生ではないか。

立往生の心配のないことは、前に述べたはずである。同じ道を二回ずつ通るのだから、分岐点はいわゆる線系の偶点である（一二頁）。だから、一つの分岐点へ来る、その分岐点を去ることを、入・出と言うならば、入出・入出の繰り返しが、入で終ることはない。入で始まれば、出で終らねばならないから、いつでも出の活路は残されている。ただ出発点が分岐点であるときだけは別だ。そこでは出で始まるから、出入・出入の繰り返しで、終りは入にきまっているが、出発点へ入なら、立往生でなくて、めでたい帰着だから、万歳である。

帰着万歳といっても、通り漏らした道はなかったであろうか。それが重要なる問題であった。それは、出発点と直接または間接に連絡のある限り、通り漏れはない。注意事項（第三）の（ロ）が、厳重に実行されるならば、いまだ通らない道が残ることはあり得ない。ただし、出発点も分岐点であり得ることを忘れてはならない。出発点へ返って来ても、出発点から出ている道が残っている間は、引き返さねばならないのだから、まだめでたい帰着ではない。（第三）の（ロ）がもっとも大切な注意事項で、それを厳守しないならば、いまだ通らない道が通り漏らされることもあろう。これが、一筆書きの中途で、線系の分割を来たさないための用意である(一六頁)。

一例として、第18図の線系を取ってみよう。道の番号を1、2、……として、二回目に通るのを長点($'$)で示すことにして、探険の経過を記録するならば、次のようにもなろう。

A、1、$1'$、A、2、B、3、$3'$、B、4、C、5、$5'$、C、6、D、7、E、8、$8'$、E、9、F、10、D、$10'$、F、11、G、12、$12'$、G、13、H、14、$14'$、H、15、$15'$、H、$13'$、G、$11'$、F、$9'$、E、$7'$、D、$6'$、C、$4'$、B、$2'$、A。

始めのA、1、$1'$、AというのはAから1の道をVへ行って、そこが行き止りだから、1を引き返して(すなわち$1'$によって)Aへ返ることを示したのである。だから1、$1'$と続いたところで行き止りのVを通っている。つぎの3、$3'$の間のR、また5、$5'$の間のPも同様である。それから後に、Dから7によってEへ行ったとき、注意事項(第二)に従って8を進んだのだが、Tで行き止って、$8'$でEへ返ったところで、注意事項(第三)の(ロ)に従って、9を通ってFへ行った。この分岐点Fへは始めて来たのだから、(第二)に従えば10へ行っても、11へ行ってもよいのだが、われわれは10を通ってDへ行った。Dへは二回目に来たのだから、(第三)の(イ)に従って$10'$を引き返してFへ行った。Fへは二回目だから、(第三)の(ロ)に従って、11へ進んだ。ここで(第三)の

(ロ)に反して9′へ進んでEへ行ってしまうならば、再びFへ返られなくて、G、H等々へは行けなくなるであろう。よく経過記録を検討して下さい。そうして、この記録のみによって、線系図を再製してみるとよいのだが——有志の読者は、必ずやるであろう。

多面体、オイラーの法則

線系論に関連して、多面体の話を少しくしよう。多面体とは平面で囲まれた立体で、それらの平面を多面体の面という。隣接する面は、直線で会する、その直線を多面体の稜という。また三つ以上の面が会する点を多面体の頂点という。頂点はすなわち稜の端である。理論的にもっとも単純なる多面体は四面体である。その面は四つの三角形で、それらが二つずつ六つの稜で会し、三つずつ四つの頂点で会しているから、四つの頂点も二つずつ六つの稜で結び付けられている。面が四つなる多面体の型はこの一種に限るから、単にそれを四面体というのである(第19図)。

四面体を、一つの面を底面として、その上に立っているピラミッドと見立てたのは、古代ギリシャ人であったが、われわれはそれを三角錐《すい》と言っている。巨大なるピラミッドを微細な錐《きり》の尖に翻訳して、形相の真髄を捕えているところは、えらい。

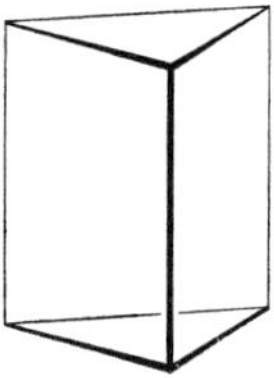
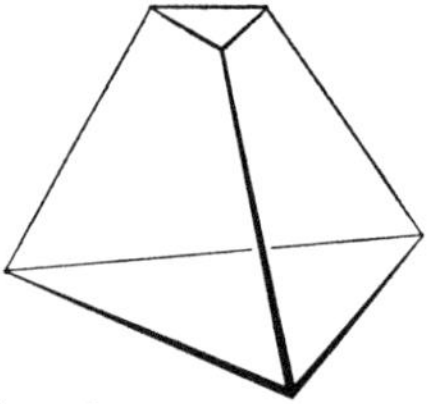

$t=6,\ s=9$

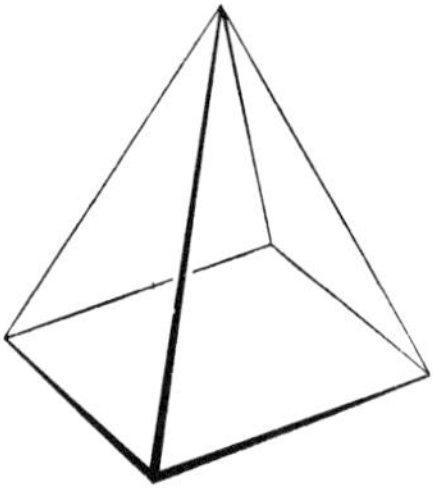

$t=5,\ s=8$

第20図　五面体

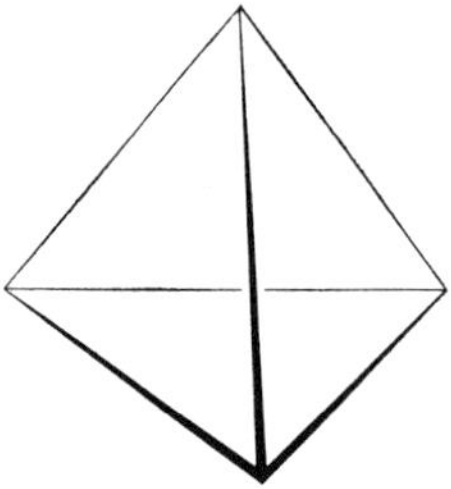

$t=m=4,\ s=6$

第19図　四面体

これは余談であったが、四角錐(第20図下)は、一つの五面体である。五つの面の中で、底面だけが四角形で、側面は三角形である。したがって頂点は五つ、稜は八つである。

しかし、五面体の中で、もっともみやすいのは、三角プリズムであろう。それを三角壔《とう》と言っている。ピラミッドの錐には感心しても、プリズムの壔には少々打ちかたぶかれる。壔とは何であるか。土へんに命長しなら、トーチカの類か。手近の辞書を見ると、果してとりでとあって、それを筒形の意に用いるのは和習であるという。筒ならばよく分かる。それが筒と言い切れなかったのは、筒は両端を開放して置かなくてはなるまいと思ったのか。大筒でも、打たないときには蓋をするのだから、心配無用であろうのに(！)

四面体の一つの頂点の近くを切って、その尖端を捨ててしまえば五面体が生ずるが、これは相対する二つの三角の面と、三つの四角の側面を有するところは、三角壔と同じ形相である(第20図上)。

六面体の中で、もっとも手近なのは立方と五角錐とであるが、また四面体を二つくっ付けても独鈷《どっこ》のような六面体が作られる。もしまた四面体の二つの尖端を切り捨てれば、見にくい六面体が生ずるであろう。四角錐の頂のあたりを切り捨てても六面体が生ずるが、それは六つの四角形で囲まれた不細工な立方で、形相においては立方と同じである。

また四角錐を底の一つの頂点のあたりで切っても、六面体が生ずる。少し深く切れば、四角錐の底が二つに折れたような六面体が生ずるが、それは既出の独鈷を横に倒したものである(第21図)。

このように多面体は多種多様であるけれども、その頂点、稜、面の数の間に一定不動の関係がある。これらの点、線、面の数をそれぞれ t(点)、s(線)、m(面)とするならば、

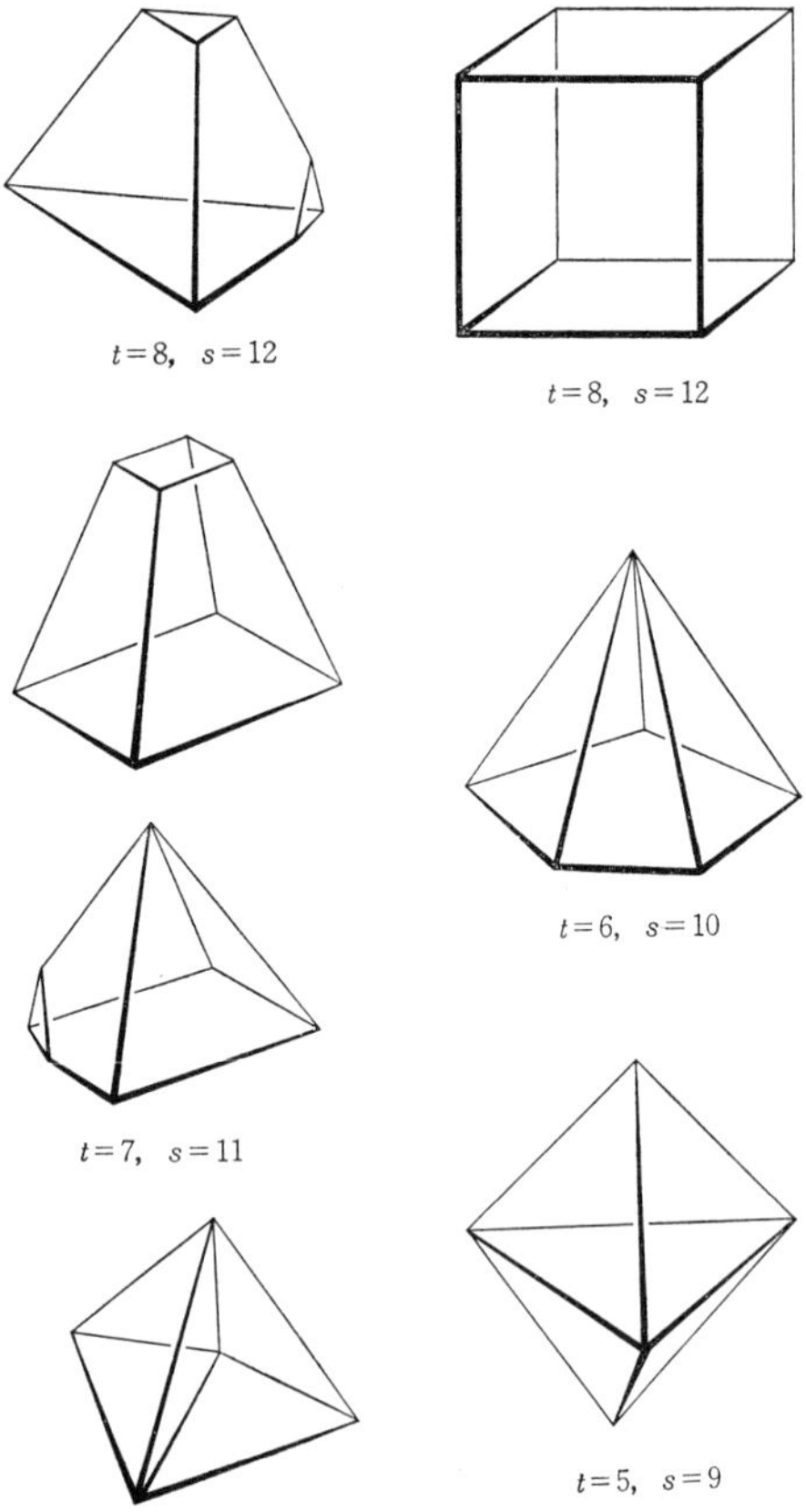

第21図　六面体

いかなる多面体においても

$$t+m=s+2 \tag{1}$$

である。これをオイラーの公式という。オイラーはすでにケーニヒスベルグの橋渡りの節に紹介した。

前に例に出した多面体について、当ってみよう。

四面体	$t=m=4$,		$s=6$,	$4+4=6+2$
五角錐	$t=6$,	$m=6$,	$s=10$,	$6+6=10+2$
独　鈷	$t=5$,	$m=6$,	$s=9$,	$5+6=9+2$
立　方	$t=8$,	$m=6$,	$s=12$	$8+6=12+2$

さて、オイラーの公式(1)の証明であるが、その方法はいろいろあろうが、なるべくみやすくするために、それを平面上の問題に引き直そう。

われわれは言語短縮のために多面体と言っているが、問題は多面体の表面にある。そこでいまうつろの多面体の模型が、伸縮自在なる仮想的のゴム膜で作られてあると想像して、その一つの面に小さな穴を明けて、そこへ指を突込んで、うんと引き伸ばして、平面上に張り付けたとする。そのとき膜は裂けもせず、また襞《ひだ》もできないとするのである。稜は曲りくねって、醜い形になるであろうが、それも伸縮性を利用して、きれいな形にも直されるであろう。一例として、第22図〔1〕の四面体$ABCD$の底面BCDの中に穴を明けて、このような操作をすれば、同図〔2〕のようになろう、外側のぎざぎざは穴の輪郭である。穴

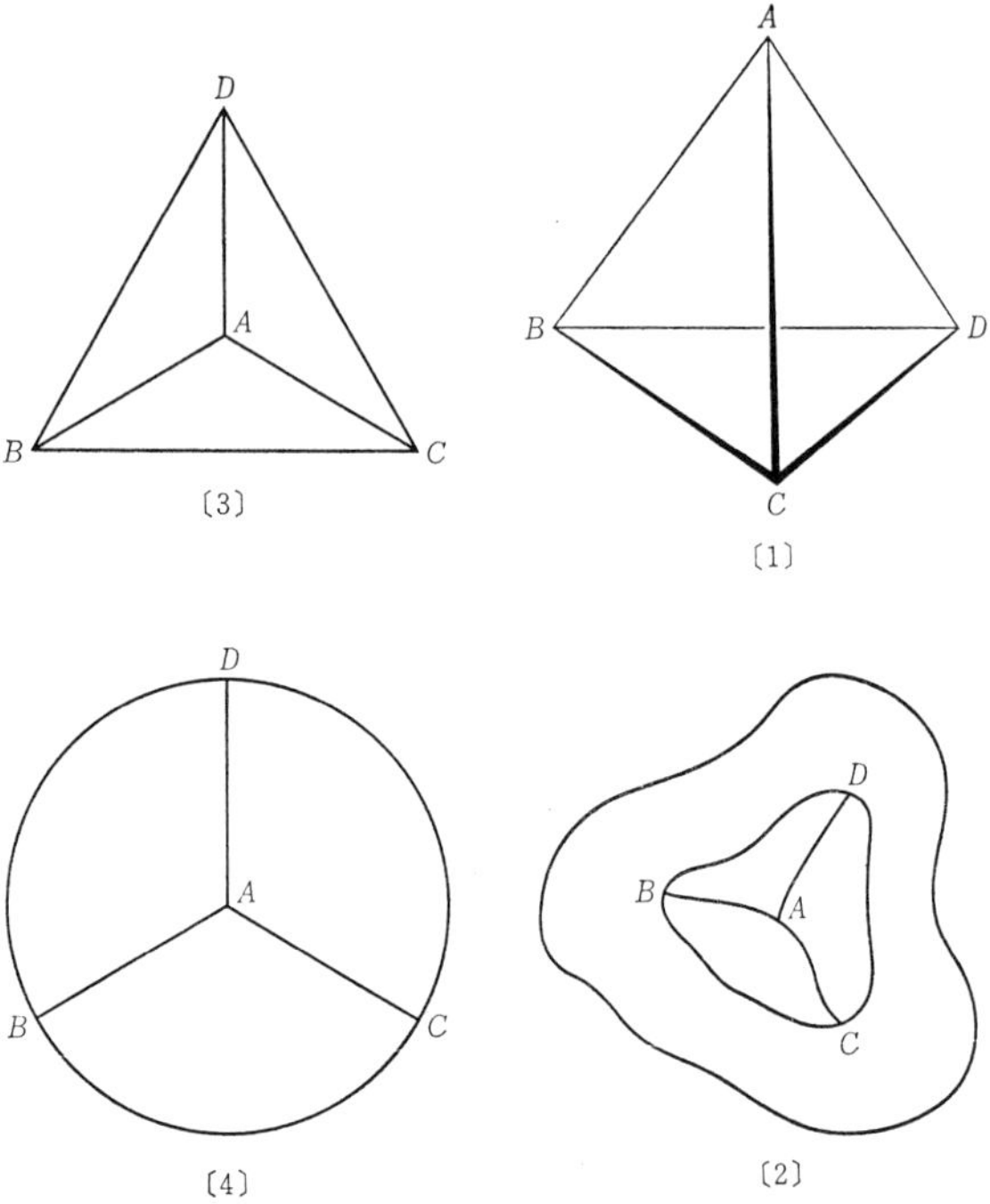

第22図

を明けた一つの面は取り去って、稜の形を見好くすれば〔3〕または〔4〕のようにもなる。穴を明けた面を捨てないで、それは紙面外にまで引き伸ばされたと見てもよい。そうすれば四面体の底面は〔3〕の三角形 BCD の外部である。多面体の面の面積、稜の長さなどを考察するのではなくて、実はそれよりも基本的なる面・稜・頂点の繋がり具合、すなわち多面体の表面の形相のみが問題であるときには、このようにして作られた形相図が重宝である。このような変形をわれわれはすでにケーニヒスベルグの地図に施した。

いま一つの例として、立方の形相図を掲げる(第23図)。どちらも穴の輪郭は書いてない。もしも、乱暴なゴム膜の引き伸ばしが、心配ならば、慰安の方法もある。今度は針金で、立方の骸骨というか、フレームというか、稜だけの模型を作る。そうして、立方の一つの面が水平になるようにして、その面の中心の少し上の所に光源を置いて、紙面へ射影すれば、第23図上のような平面図ができるであろう。この平面図では、大きい正方形が、光源に近い面の周の射影だから、もしも面をも考える

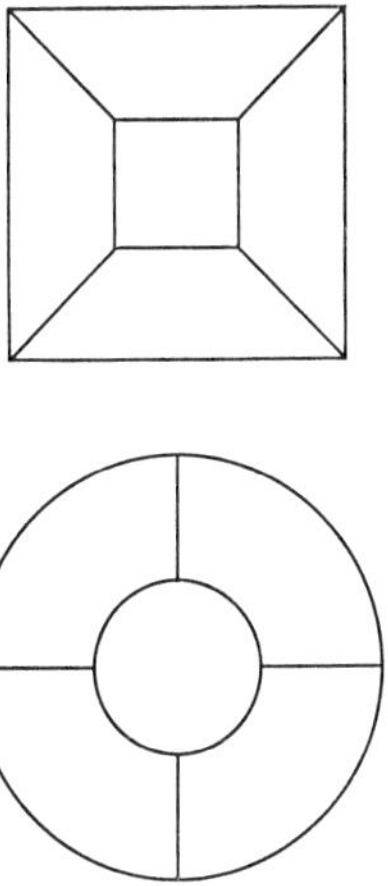

第23図

ならば、一つの面が他の五つの面と重なっているわけである。

このような図形は一つの線系である。それは特種の線系であるが、われわれはむしろ一般の線系に関してオイラーの公式を考察する。そのためには線系における区域をも取り扱わねばならない。区域とは線系に属する線によって囲まれた平面の一部分である(もちろん線系の他の線によって分割されていない、繋った平面の部分)。

線系におけるこのような区域の数を k とする。多面体の形相図では、面を一つ取り去ったから、その線系では $k=m-1$ である。これを用いてオイラーの公式(1)を書き直せば

$$t+k=s+1 \qquad (2)$$

となる。t、s は前の通り、線系の点、線の数である。いま線系において、一般に公式(2)が成り立つことを示そう。

さて、線系において、一つの区域の境界の一つの線を消せば、区域の数は一つ減るが、点の数は変らず、また線系の連繫も失われない。線系における区域の境界は二つ以上の線から成り立っているからである。区域が残っている限り、この操作を継続すれば、k 個の線を消すことによって、線系の連繫を毀《こぼ》たず、点の数も変えないで、区域をなくすることができる。

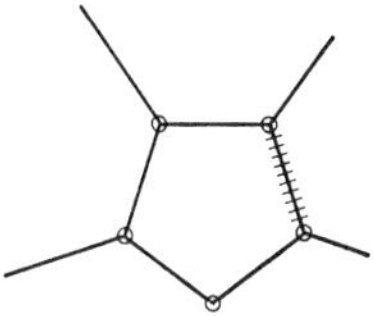

第24図

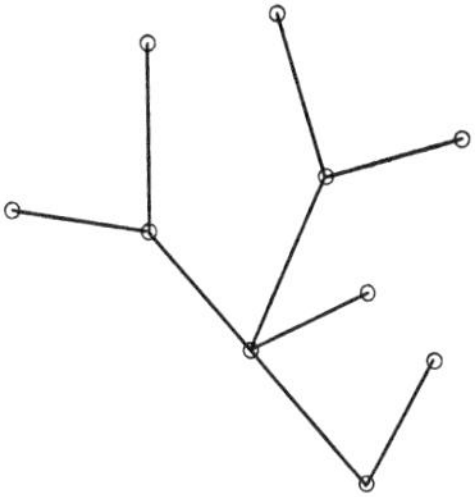

第25図

区域のない線系では、線が繋って輪になることはない。いわゆる樹木型である。節や芽はあっても、枝が輪にならないところが樹木に似ている。樹木型の線系(第25図)では、端から線を一つずつ取って行けば、同時に点が一つずつ減って行くが、遂に線がただ一つになるとき、点はその線の両端だけになる。故に樹木型の線系では、線は点よりも一つ少い。

さて、元の線系へ返ってみるに、われわれはまず区域をなくするために k 個の線を消した。その残りの樹木型の線系では、点は元の通り t だけあるから、残った線は $t-1$ である。故に元の線系の線の総数すなわち s は、消した k と残った $t-1$ との和に等しい。すなわち

$$s = k + t - 1$$

これは、内容において(2)と同じである。

第26図は立方の形相図である。区域は五つあるから、消

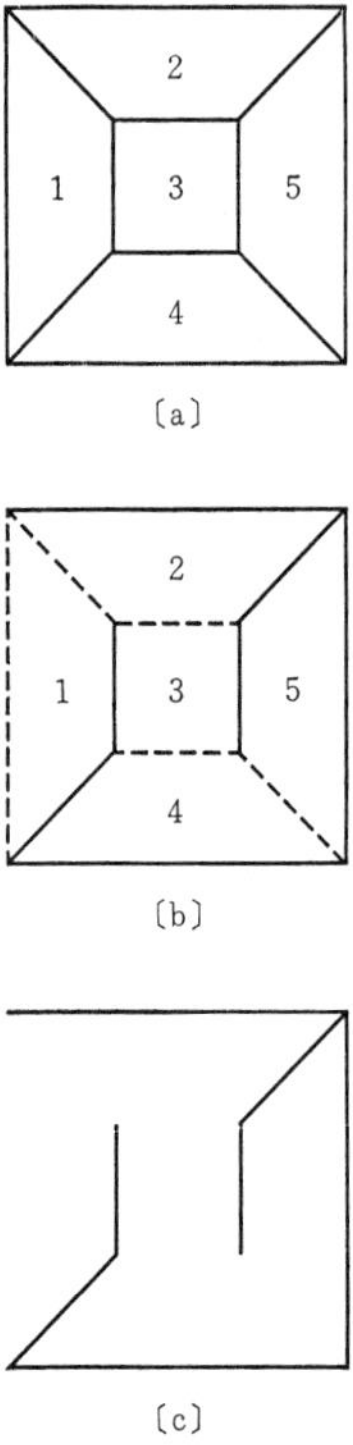

第26図

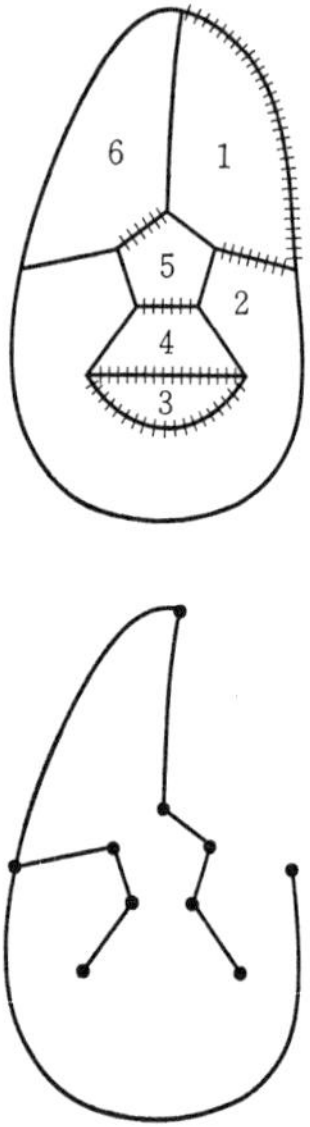

第27図

すべき線は五つである。いま、〔b〕で点線で示した五つの線を消せば、残る樹木型は〔c〕のようになる。

つぎにいま一つの例を挙げる(第27図)。変な樹木が出て来たようだが、こんな樹木もないとは言われまい。なければ鉢植で仕立てて見せることもできよう(!) この線系は多面体の形相図ではない。それはまず面2と5とが、二つの線において接しているし、また、面3は二角形である、このようなことは、われわれのいわゆる多面体においてはあり得ないが、もしも曲面で囲まれた多面体をも許すならば、随分可能であろう。そうして、その場合にもオイラーの公式は成り立つのである。

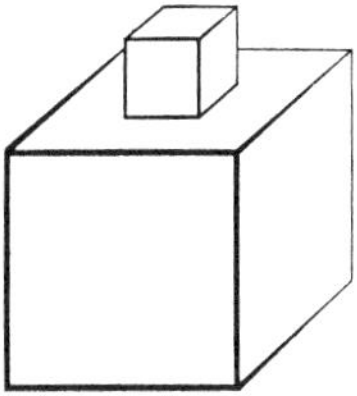

第28図

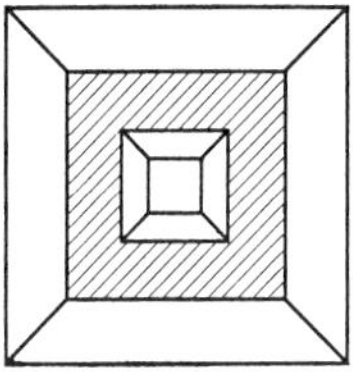

第29図

しかし、多面体の意味を無制限に拡張しては、オイラーの公式が成り立たなくなる。例えば一つの立方の一つの面——それを a と名づける——の上に、小さい立方を載せて、それらを合併して一つの立体を作ったとする(第28図)。この立体も平面で囲まれてはいるが、二つの立方で、頂点は八つずつ二つ、合せて16。稜は十二ずつ二つ、合わせて24。さて面は六つずつだが、小さい立方の一つの面は消滅するから、面は11である。すなわち

$$t=16,\quad s=24,\quad m=11,$$
$$t+m=16+11=27,\quad s+2=24+2=26$$

で、オイラーの公式は成り立たない。この立体の形相図は上の

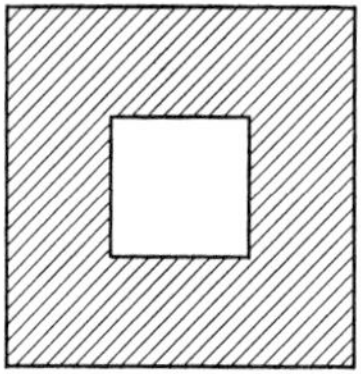

第30図

ように書けるが(第29図)、影を付けた環で内と外との連絡が断たれているから、オイラーの公式は当てはまらない。この環はすなわち下の立方の上の面から、上の立方の下の面だけを切り抜いた残りの多角形である。われわれは多面体の面は多角形であるというたが、それは単純なる多角形の意味で第30図のように内と外と全く離れた二つの折線で囲まれた広義の「多角形」は許さないのである(凸多面体の場合には、このような面は生じない)。つまり多面体のすべての頂点が、稜によって繋っていることを要求するのである。そうでないと、われわれの線系の定義に合わないから、別の話になる。

ハミルトンの世界周遊戯

正十二面体の頂点巡礼

正多面体が五種あることは、よく知られている。それは正四面体、正六面体(すなわち立方)、正八面体、正十二面体、正二十面体である(第31図)。

このうち、始めの三つ、特に立方は、目馴れた形であるが、後の二つ、すなわち正十二面体と正二十面体とは少し複雑である。

正十二面体は、十二の正五角形で囲まれた多面体で、頂点は二十、稜は三十ある。ハミルトンの問題は、正十二面体の一つの頂点から出発して、稜の上を進行して二十の頂点を漏れなく、しかも一度ずつ通って、出発点に返られるか、というのである。

問題の意味は誰にも分かるから、誰でも試にやってみるであろう。問題は試行によって解かれるはずである。頂点が二十だから20! 回の試行で解決される。この場合、出発の頂

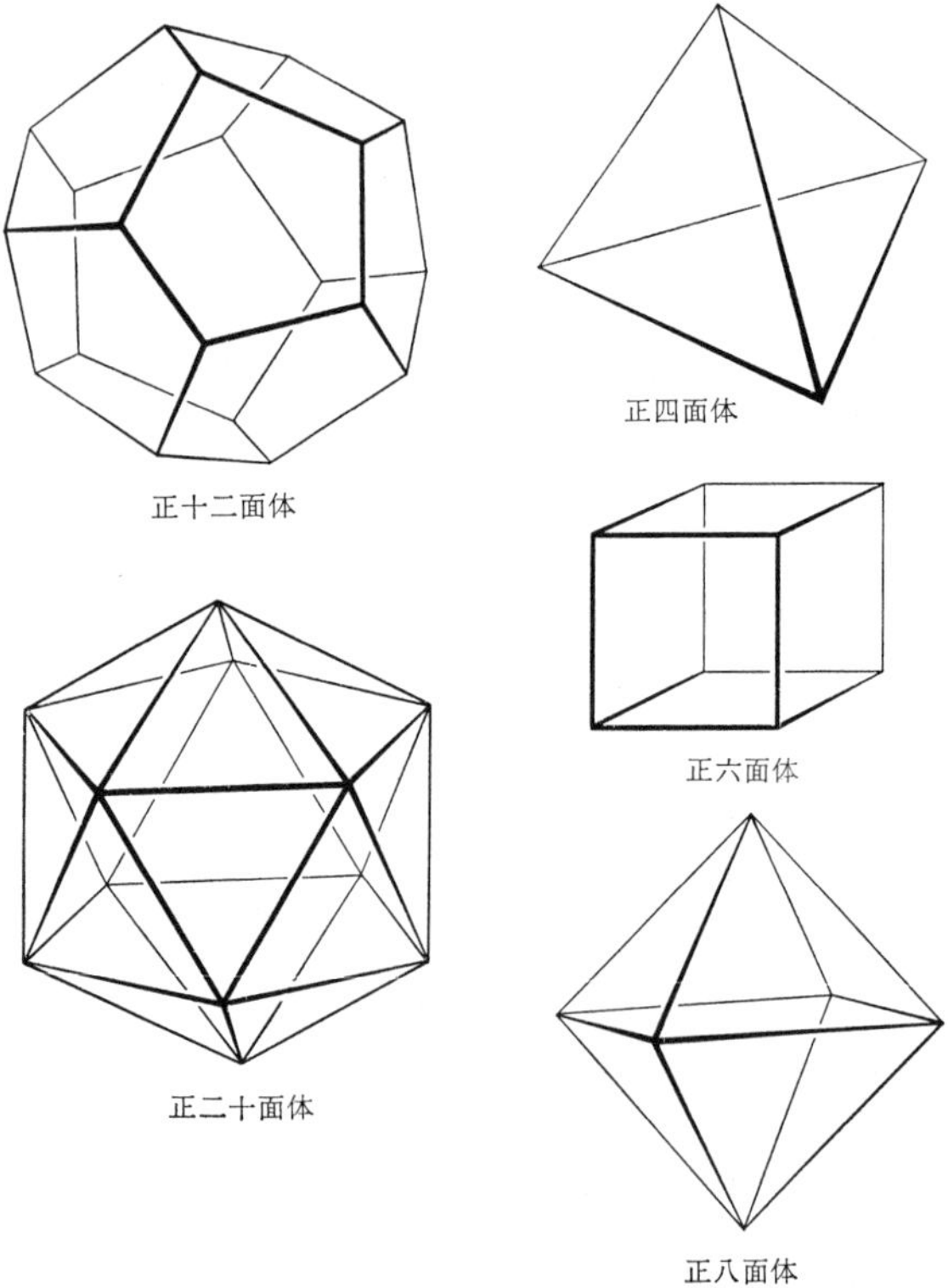
正十二面体
正四面体
正六面体
正二十面体
正八面体

第31図

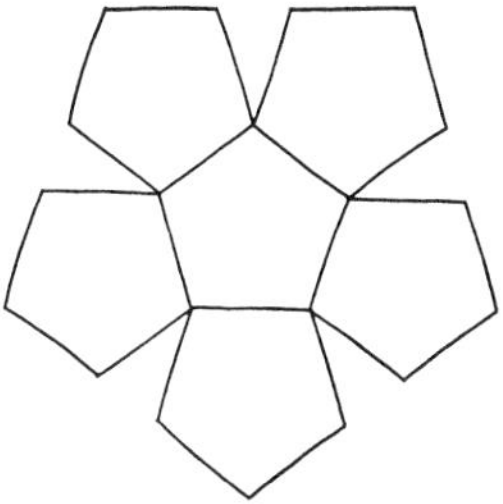

第32図

点はどれでもよいから、それをきめて取りかかれば、19!回でよく、また始めに通る稜を、きめてもよいから18!回の試行をすればよい。18!といえば、千兆、すなわち一億の千万倍の程度の大数であるから、試行は相当永続する。そこに遊戯としての存在理由がある(階乗の記号!は五頁参照)。

頂点巡礼に成功せんと欲するならば、正十二面体の構造を知るのが、先決問題であろう。正十二面体の構造を知るには、自分で正十二面体を作ってみるのがよい。それができて、正十二面体がお手の物になってしまってから、頂点巡礼に取りかかるのが、賢明であろう。

そこで、まず正十二面体の模型を作ってみよう。正十二面体は正五角形で囲まれた多面体であるというから、ボール紙に一つの正五角形を書いて、その各辺の上に正五角形を書いてみる。そうするとくちなし模様といったものが生ずる(第32図)。

正五角形の書き方は、古代ギリシャの伝統を保守して、いまでも中学校で教えているようだが、誰でも忘れてしまっているだろう。ギリシャ式、中学式の作図法によらなくとも、正五角形の角は108°だから、分度器を使えば、わけなく書けるであろう。

正五角形はわけなく書けるから、くちなし模様もわけなく書けるが、それも、いきなり、試行する前に、計画を立ててから、取り掛かるのが得策ではなかろうか。くちなし模様はでき上りを言う。六つの正五角形をりちぎに一つ一つ書くことが要求されているのではない。例の狡猾なのが、それに気付かぬことはない。彼はただ一つの正五角形を書いて、迅速に目的を達した。その順序はつぎの通りであった。すなわち彼はまず一つの大きな正五角形を切り抜いて、その対角線を引いた(第33図〔1〕)。それらの対角線によって、中央に小さい正五角形ができた。彼はその小さい正五角形の対角線を引いて、それらを大きい五角

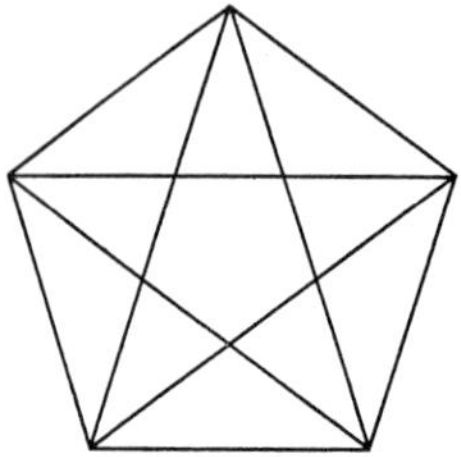

〔1〕

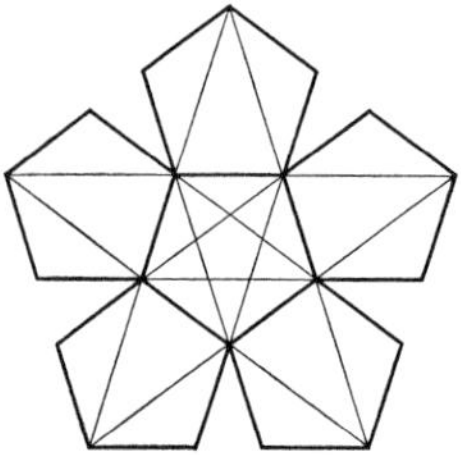

〔2〕

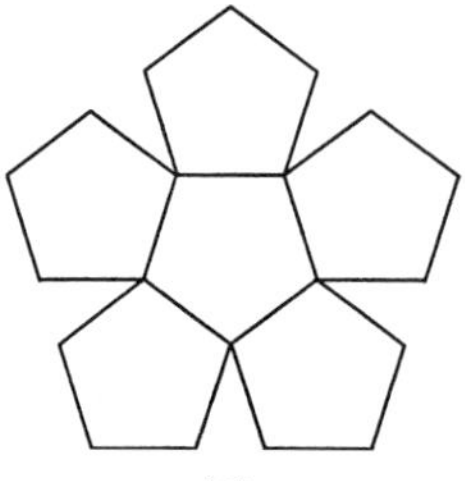

〔3〕

第33図

形の周にまで引き延ばした(第33図〔2〕)。そうして、その引き延ばした部分に鋏《はさみ》を入れて、五つの細い三角形を切り捨てた。そのとき所望のくちなし模様ができ上ったのである(第33図〔3〕)。

狡猾なる彼氏は、骨惜みをしたのではない。彼はくちなし模様を統制したのである。正五角形を書け！　その各辺上に五つの正五角形を書け！　という命令に盲従して頭惜みをしていたならば、くちなし模様が、どんな模様だか、その本質が分からないで終るのではあるまいか。

これは道草であった。しかし、炯眼《けいがん》なる読者が、とっくに看破したであろうように、本書の本能寺は道草にある。だが、道草を食っても、目標を見失ってはならない。

そこで正十二面体の模型に返って、くちなし形の周りの正五角形を折り曲げて、隣り同士が一辺を以てぴったり、くっつくようにすれば、第34図中のような五角皿ができる。縁のぎざぎざに趣があるのだから、それをくちなし皿と呼ぶのは、可哀相であろう。

この五角皿と全く同じ五角皿を作って、それを伏せて(第34図上)、下の皿の上に、そっと載せるならば、上の皿と下の皿との縁のぎざぎざが、ぴったり合って、正十二面体ができ上るであろう(第34図下)。

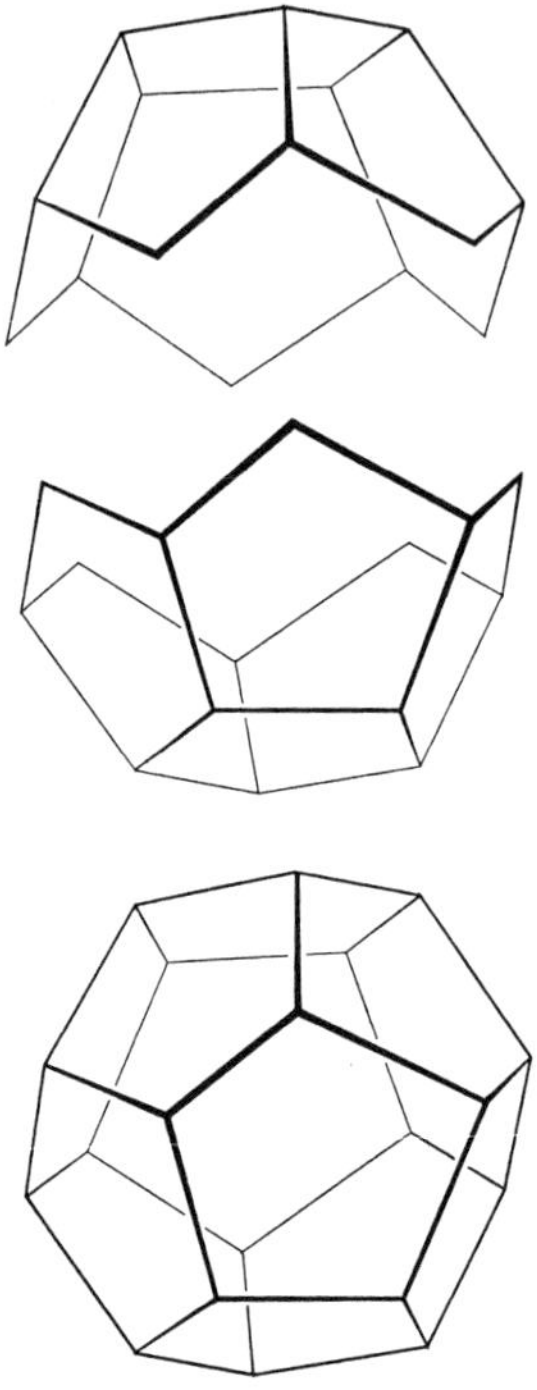

第34図

上の皿と下の皿とのぎざぎざの縁が、果してうまく、ぴったり合うであろうか。それはもっともな心配である。そこで、下の皿の縁の凹んだ所へ、点線で示唆したような三角の面を入れてみよう。そうすると、ちょっと洒落た形の小丼ができる(第35図)。また上の皿の縁の出っ張った所を点線の所で、切り捨ててしまえば、平凡な五角の小皿になる。さて小丼と小皿との縁は全く同じ正五角形であるから、今度こそ、大丈夫ぴったり重なって、正十二面体ができるであろう。

この説明で、ママさんは安心したが、敏感なるお嬢さんが口を挿《はさ》んだ。「それは、お丼とお小皿との縁は、点線の所でぴったり合いますが、合わせたときに、点線の所に、かどができたり、くぼみができたりしないで、平らになりますかしら」というのである。これももっともな心配である。ただ点線を引いただけで、小丼・小皿などと標語を製造したわれわれの安直なる策謀に、ママさんはマンマと引っかかったが、それはお嬢さんに素破抜《すっぱぬ》かれて失敗に終った。

策謀といっても、悪意はない。ただあっさり片付けようと思っただけである。実際、上の皿と下の皿とが、ぴったり合って、正十二面体ができることに間違いはないのである。

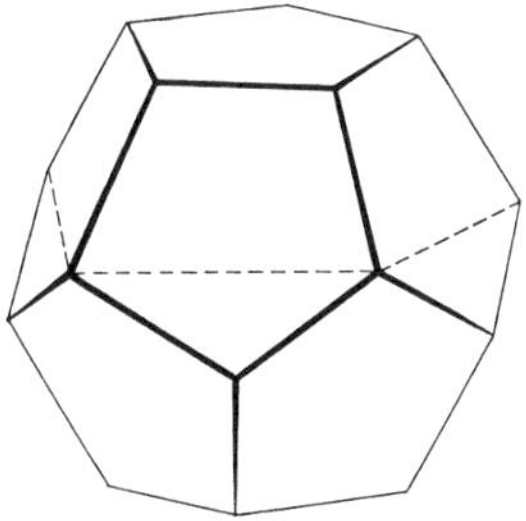

第35図

だが、それを説明せよと言われると、立体幾何学の談義を始めねばならない。正十二面体の可能性は、有名なるユークリッドの幾何学原本十三巻の最終の命題である。正多面体は古代ギリシャ人が神秘的として、崇敬していたもので、幾何学原本は五種の正多面体の可能を示すために書かれたものであろう、などという科学史観さえもある。して見ると、有名なるユークリッドの幾何学原本十三巻は、五角皿の合せ目が平になるか、とお嬢さんが指摘した疑問を弁明するために書かれたようなものだ。大変なものなのだ。ここはしばらく、幾何学原本の保証を信用して、皿がぴったり合って、めでたく正十二面体ができることにしておくのが、得策ではあるまいか。——ママさんは欺瞞で、お嬢さんは威嚇で、ひとまず、丸められたとしておこう。

さて、二枚の五角皿のお蔭で、正十二面体が首尾好くでき上ったのだが、正十二面体がいったんでき上った以上、踏台になった特別なる五角皿は、それの特異性を失うのである。狡兎《こうと》死して走狗《そうく》烹《に》らる、である。というのは、正十二面体のどの面でも、それに隣る五つの面と連合すれば、一つの五角皿になって、その時、残りの六つの面が、自然に連合して他の一つの五角皿になって、それら二つの五角皿を上の皿、下の皿として、正十二面体ができるから、正十二面体のどの面も、正十二面体の生みの親たる特権を独占し得ないのである。

正十二面体の頂点は、いくつあるか。各面が五角形で、面が十二あるから、面の頂点は5×12＝60であるが、十二面体の各頂点において三つの面が会しているから、この60というのは十二面体の各頂点を三遍ずつ数えた総数である。だから十二面体の頂点の実数は60の三分の一、すなわち20である。

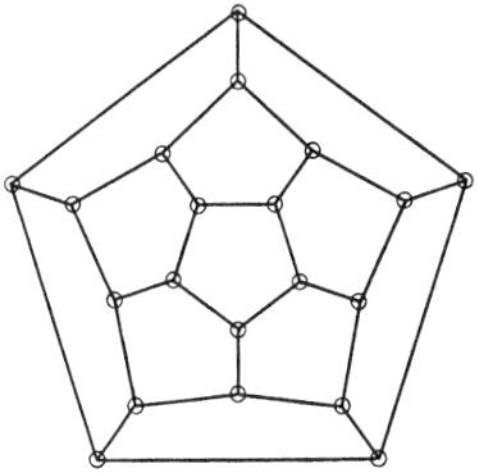

第36図

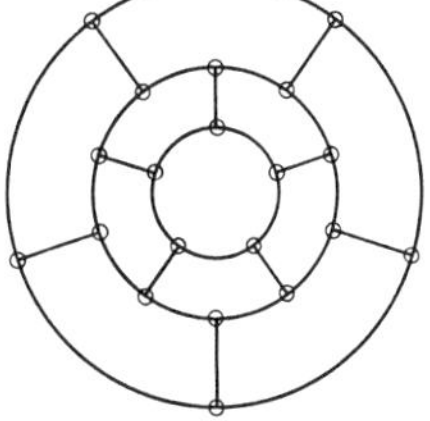

第37図

つぎには、稜の数であるが、各面の辺が五つで、十二の面では合せて5×12＝60であるが、稜としては、そこで会する二つの面の辺として、二遍ずつ数えられているから、稜の実数は60の二分の一すなわち30である。

　すなわち、正十二面体の頂点、稜、面の数は、それぞれ20、30、12である。念のためにオイラーの公式(三八頁)に入れてみれば

$$t = 20, \quad s = 30, \quad m = 12,$$

$$20 + 12 = 30 + 2$$

で、ちょうど合っている。

　正十二面体の構造は、大体分かったようだから、それの形相図(四一頁)を書いてみよう。上の皿の底の中心の少し上の所に光源を置いて射影すれば、第36図のようになるであろう。輪郭の五角形は、上の皿の底の射影で、中央の小五角形と、その周りの五つの五角形とは、下の皿の射影で

ある。その周りの五つの五角形は上の皿の側面の射影である。しかし例のゴム膜式の形相図(四一頁)なら第37図のようにもなろう。

以上、準備工作を完了して、ハミルトンの正十二面体頂点巡礼の問題に返るのであるが、その問題は、第36図の線系において、線系の一つの点から出発して、線系の線を通って、同じ点を二遍は通らないで、二十の点を漏れなく通ってしまおうというのであった。実際、ハミルトンは、第36図のような、木盤を作って○点の所に小さい穴を明けて、そこへ象牙のコマを挿《さ》しておいて、次々に隣りのコマを抜いて行って、すべてのコマを抜いてしまえば上り、といった玩具を拵《こし》らえた、ということである。そのような玩具ならば、第37図の同心円式がむしろ適当であろうと思われるが、ハミルトン発明の玩具の弘めの引札が、ふるっているから、紹介をしておこう。意訳すれば、次のようでもあろうか。

十二面巡礼。一名、世界周遊戯。右ハ欽命愛蘭天文博士、士爵ウィリヤム・ローウェン・ハミルトンノ発明ニ係ル。饗宴席上、座興トシテ珍奇絶妙。数学研究者ノタメニハ二十元法ノ好範例。

こう書くと、少し松沢式だけれども、このハミルトンはもちろん古典力学で標識として周知の、外ならぬ彼氏である。四元法の発見者は正十二面体から抽出した二十元法をほのめかしている。渺茫《びょうぼう》たる多元数論の出現した今日、それに珍奇はないが、むしろ、ロンドン、パリ、ベルリン、モスクワ、さては新京、重慶、上海等々、各国の都市二十と、その間の交通路とを、うまく選んで、五角盤を双六《すごろく》式にするならば、世界一周遊戯に東洋趣味が加わるではあるまいか。

正十二面体の頂点巡礼の順路は、実は分かっている。それを披露してしまえば、何の変哲もないのだけれども、教わったのでは興味がないから、自分で順路を発見したいものである。それは試行では駄目だから、例の狡猾なる手段を考え出さねばならない。

そこで、第36図の線系を凝視する。もしも問題の巡礼通路が可能ならば、それは、線系中の閉折線で、その閉折線は、線系の二十の点を一回ずつ通るのだから、一つの単純なる二十角形の周でなければならない。その二十角形は線系を組み立てている五角形をいくつか合併したものでなければならない。だから、それらの五角形の中の三つが一つの頂点を共有してはならない。もしも、三つの五角形が一つの頂点を共有するならば、その頂点は、これらの五角形を合併して生ずる多角形の周上にはなくて、内部に含まれてしまうからである(第38図〔1〕)。またこれらの五角形が輪状に繋ってはならない。輪のように繋れば、合併して生ずる多角形の周が二つに切れるからである(第38図〔2〕)。したがって、これらの五

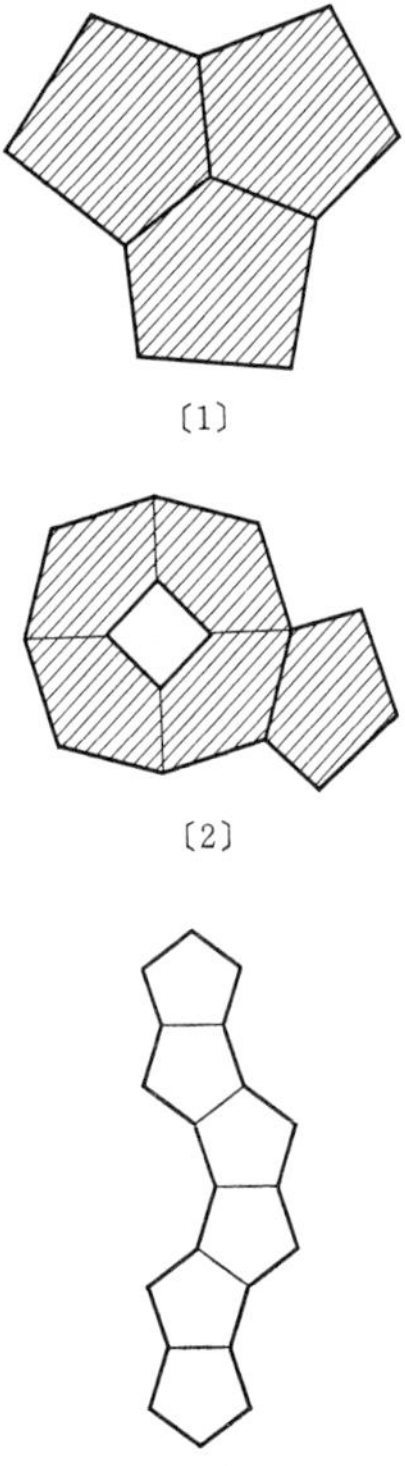
〔1〕〔2〕〔3〕
第38図

角形は一つの列を成さねばならない。そうして、それらが合併して二十角形を作るためには、五角形の数は六つでなければならない(第38図〔3〕)。

さて、このような一列の五角形が、われわれの線系(第36図)の中に見出されるであろうか。それは容易にできる。例えば、第39図の五角形123456がそれである。

このような五角形の列があるから、十二面体の頂点巡礼の問題は解けたのである。いま十二面体へ返って考察する。五五頁で述べたように第39図を十二面体の射影と見るならば、1は下皿の底で、2はその一つの側面である。その面2に接する上皿の側面は左と右と二つあるが、第39図の3は左の方である。そうして3、4、5、6は左へ次々に廻わった上皿の四つの側面である。この五角形の列において端から二番目の2と5とは十二面体にお

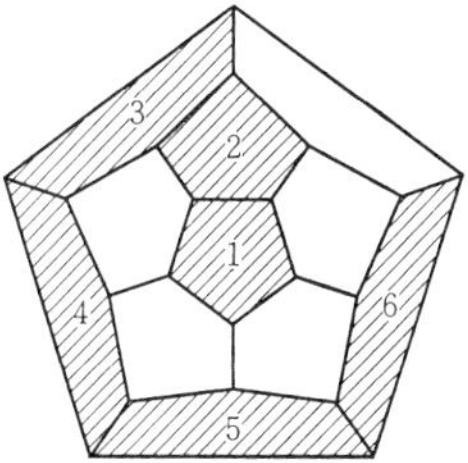

第39図

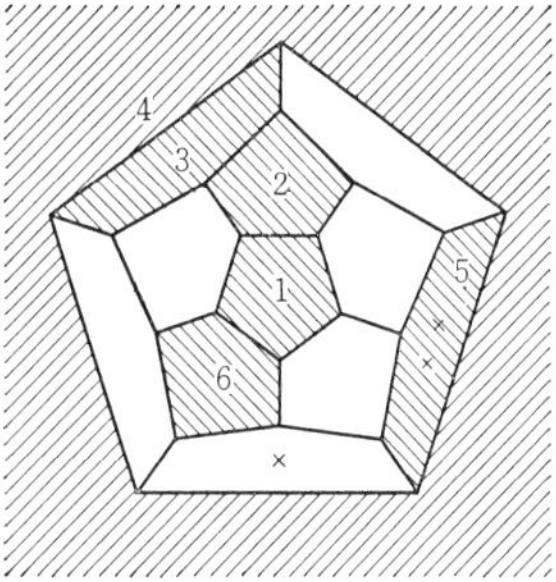

第40図

いて相対する二つの面である。もしも2に接する上皿の右の方の側面を取るならば、それから右廻りに上皿の四つの側面を取ればよい。射影図では、2に接する白い五角形と6、5、4とがそれである。それはよいが、3で上皿へ移ったところで、それから上皿の底へ行ったらば、どうであろうか。上皿の底は射影図の輪郭をなす大きい五角形で、それは他の面の射影と重なっていて、考えにくいから、第39図をゴム膜の引き伸ばし(三九頁)と見よう。そうすれば上皿の底は、大きい五角形の外部である。いまそれを4とすれば、第40図のようになって、4に接して1、2、3に接しない五角形は×または××の二つである。そこで、もしも×を5とするならば、×に接して4、3に接しない五角形は、どうしても1に接するから、六つの五角形が輪状になる。それはいけないから、××を5にせね

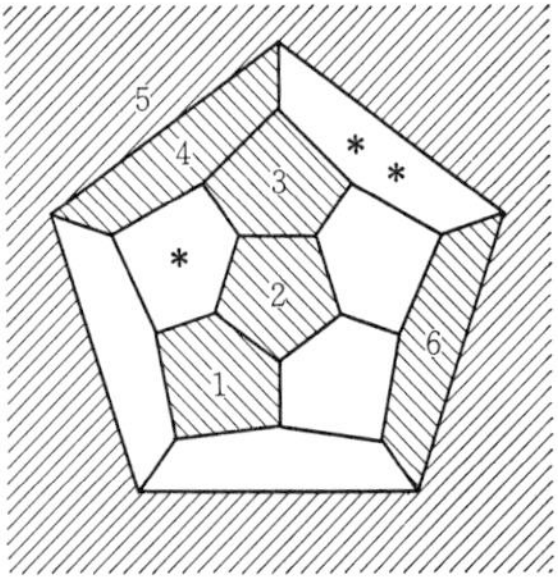

第41図

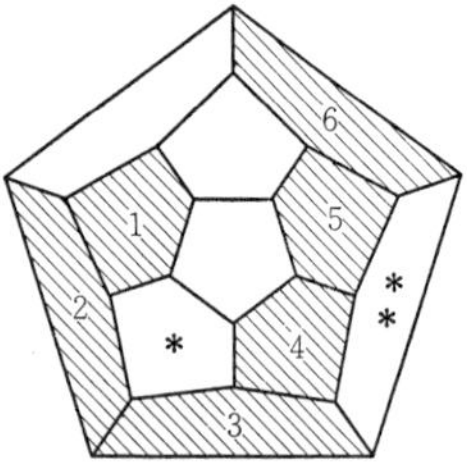

第42図

ばならない。××を5とすれば、4、5に接しない五角形は6だけであるが、それは1に接する。しかし、これら六つの五角形は一つの列をなしている。その列は6 1 2 3 4 5の順序である(第40図)。そこで番号を付け直して、つぎのようにする(第41図)。全体、このような六つの五角形の列は十二面体の面上に二十角形を作るのだが、十二面体の残りの六つの面も、やっぱり一つの二十角形を作るのだから、それらも六つの五角形の列から成り立たねばならない。第41図の白い六つの五角形がそれなのである。それらに番号を付けると第42図のようになる。

さて、ここで第39図、第41図、第42図を比較してみよう。どこでも列の始めの四つの五角形1、2、3、4は一つの五角形＊に接する。そうして十二面体において、＊と向き合った面がすなわち6である。また列

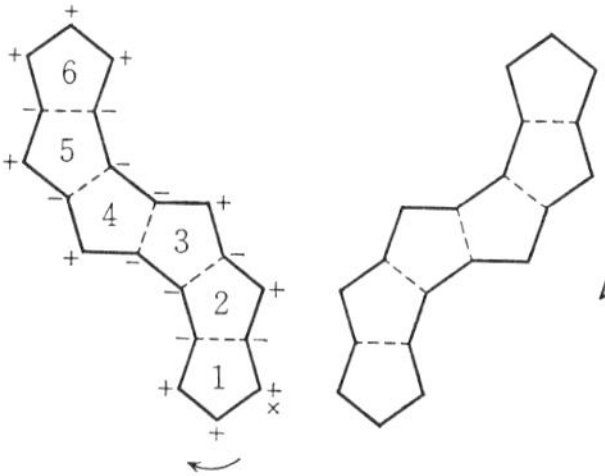

第44図

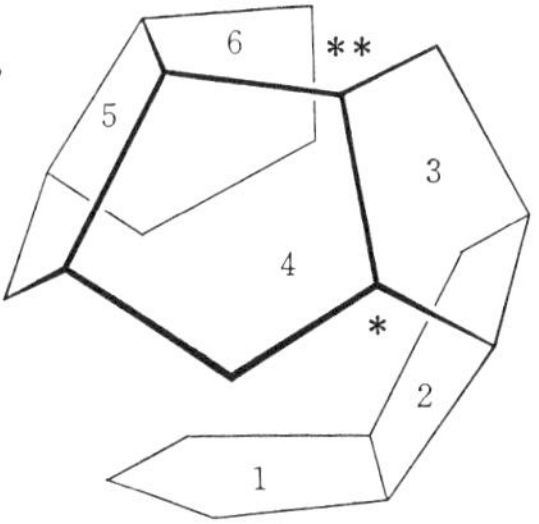

第43図

の終りの四つ、3、4、5、6は一つの五角形**に接し、その**に向き合った面がすなわち1である。そうして1234が*の周りを廻る向きと6543が**を廻る向きとは同じである(どちらも左廻りまたはどちらも右廻り)。

この向きの右廻りと左廻りの差別を除けば、われわれの二十角形の型は一定である。十二面体上のこの二十角形を平面上に展《の》べて書けば第44図のようになる。

さて、二十角形はハミルトンの頂点巡礼の順路を発見するための手段であった。いま任意の稜の一点から出発するとして、その稜の終りまで行けば、道は二つに分かれるから、左折または右折せねばならない。いま右折を＋、左折を－で示せば、つぎのように進めばよい。

＋＋＋－－－*↓＋－＋－・＋＋＋－－－*↓＋－＋－

第44図で×印の所から矢の向きに進めば、このようになる。この道しるべの後半(・から後)は前半の、繰り返し

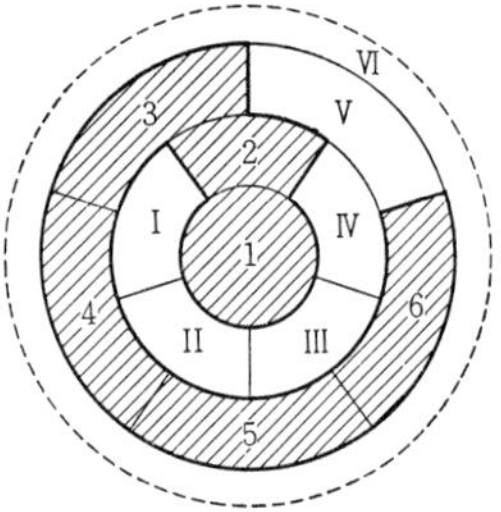

第45図

であるから記憶しやすい。もっとも終りから始めへ続けて循環してもよいから、どこから始めてもよい。

もしも逆の方向に進むならば、右折・左折が反対になるから、前の道しるべを逆に書いて、かつ＋と－とを交換して、つぎのようにせねばならない。

＋－＋－＋＋＋－－－＋－＋－＋＋＋－－－

しかるに、これは元の道しるべを＊の所から始めて、元の順序に読むのと同じである。それはなぜであろうか。

われわれは二十角形(１２３４５６)を右に見つつ、その周上を進行して、前の道しるべを得たのである。逆の方向に進行するのは、残りの二十角形(ⅠⅡⅢⅣⅤⅥ)を右に見つつ共通の周上を進むのである(第45図)。しかるに二十角形(１２３４５６)と(ⅠⅡⅢⅣⅤⅥ)とは同型だから、道しるべは、循環の順序においては全く同じであるが、きっかり合せるためには出発点を変えることを要するだけである。

われわれは右折を＋、左折を－として、道しるべを書いたが、いまもし左利きの人があって、＋は左折、－は右折と思い違えて、われわれの道しるべによって進行したとするならば、どうであろうか。それでも、彼はやっぱり頂点巡礼に成功するであろう。それは正十二面体の対称性によって当然である。いま一つの正十二面体において、一匹の怜悧な蟻が、われわれの道しるべに従って、頂点巡礼を実演したと想像する。それをわれわれが鏡に映して見ているならば、鏡の裡でも頂点巡礼が成功するであろう。さて鏡裡の正十二面体は実物の正十二面体と合同である。だから鏡裡のインテリ蟻の行動を真似るのが、左利き氏の巡礼経過である。これが第44図、右の二十角形を取った場合である。

このように、右左を取り違えても巡礼が成功するのは、怪我の功名というものであろうか。いま、右左を正しく書いて、左利き氏の通路を書いてみるならば、つぎのようになる。

－－－＋＋＋－＋－＋　－－－＋＋＋－＋－＋

これは、前の道しるべを、そのままの順に、＋と－とを入れ換えて書いたものであるが、それは元の道しるべを、逆に読んだのと同じである。それは当然である。道しるべを逆に読んで＋と－とを取り換えても、道しるべは不変である(すなわち順に読むのと同じである)ことを前に述べた。言い換えれば、＋と－とを入れ換えて順に読むのは、＋－をそのままにして逆に読むのに等しい。

道しるべは本来輪に書くべきであった。われわれは紙面を節約するために線状に書いて、頭の中で、それを輪にすることを読者に要求した。いま、最後に、巡礼するお婆さんのために、白玉黒玉五つずつで数珠を作っておこう。それらの玉を第46図の様に繋《つな》ぐのである。あるお山に、二十の霊場を設けて、その間に十二面体式の通路が作ってある。それらの霊場が一遍に巡ってしまえれば、利生がよいというのである。お婆さんは、この数珠を爪繰りつつ進めばよい。白玉、黒玉は左折、右折でもまたは右折、左折でもよいが、二遍繰り返さねばならない。霊場はどこから始めても、また、数珠はどこから、どう繰ってもよい。三十の参拝道路の中二十だけを通るので、その通り方は幾通りもあるが、成功は保証されている。

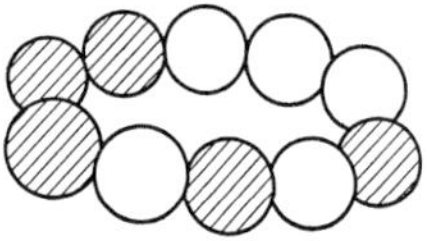

第46図

ただし、保証されているのは、巡礼の成功だけであるから、何か条件が付けば、情勢は一変する。例えば、ある霊場から出発しながら、ある特定の道(三十の参拝道の中の特定の一つ)をぜひ通ろうというような希望があるならば、それもできるが、その場合には、あらかじめ計画を立てておかねばならない。

ハミルトンの周遊問題は、線系に関する問題であるから、正十二面体に拘泥する必要はなかったのである。必要なのは、十二の五角形が、三つずつ二十の頂点において会して、一つの線系をなしていることである。それにもかかわらず、正十二面体を持ち出したのは、伝統上、正十二面体が周知であって、上記、致命的の必要条件を具備するからである。

伝統とは、ユークリッドの幾何学原本の伝統である。幾何学原本には(第十一巻、定義二十八)、十二面体がつぎのように定義されている。

十二面体(dodecahedron)とは十二の正五角形で囲まれた立体である。

(実は、十二の相等しい、等角かつ等辺なる五角形と言っているが、等角かつ等辺なる多角形を、いまは正多角形というから、簡略に従った。面が正多角形なることを要求する上は、それらが相等しかるべきことは、当然だから、重言を省いたのである。)

上記の定義の不論理性を読者はただちに認めるであろう。昔の数学には、現今のような、峻厳、苛酷な要求がなかったから、呑気なことを言って、済ましていられたのである。

面が正五角形である上は、一つの頂点において、三つより多くの面が会することはできないが、一つの頂点において少くとも三つの面が会せねばならないから、各頂点において、三つずつの面が会せねばならない。われわれは、すでにそれを黙認して、例の五角皿を作ったのであった。

さて、各頂点において、三つの五角形が会するとすれば、如何。しばしば述べたように、頂点、面、稜の数を t、m、s とすれば、そのとき $2s=3t=5m$ だから、オイラーの公式 $t+m=s+2$(三八頁)に代入すれば、それから $m=12$ が出る。だから、上記ユークリッドの定義に「十二の正五角形」とあるその「十二」は無用の重言である。

このような批難は、無用なあげ足取りであろうか。われわれはギリシャ人が、どうして正十二面体を発見したかを知らない。しかしわれわれは正五角形を珍奇絶妙なる「脳産物」として特別なる尊敬を払っていた彼らが、空間的正五角形とも言うべきものを模索して、正十二面体に逢着したであろうことは、容易に想像し得るのである。現にわれわれも、正五角形で囲まれた多面体を求めんと欲して、自然にわれわれの五角皿に導かれた。その際、われわれが例のお嬢さんと共に到達した結論は、小丼と小皿とを重ねたとき、双方の側面が平らになるならば、そのような多面体は一意的に可能であり、またもし平らにならないならば不可能、すなわちそのような多面体は存在し得ない、ということであった。その際、面の数が十二になることは、第二義的であった。ギリシャ人といえども、もとより始めから十二面の立体を求めたのではあるまい。正五角形で囲まれた立体を発見した後、それに名称を与えるに際して、便宜上、第二義的なる面の数を取ったのであろう。その名称にうっかり引きずられて、幾何学原本の編者が、定義の中に重言「十二」の混入するのに気付かなかったのであろう。これは幾何学原本に散見する不論理性の一例にすぎない。

われわれは古典の瑕瑾《かきん》を剔抉《てっけつ》して快とするものではない。われわれは古典を尊敬する。古典を尊敬するから、見境なしの礼讃が贔屓《ひいき》の引き倒しになって、地下の古典作者を苦笑せしめることを戒慎するのである。

各面が正五角形であるというから、面数十二が重言になったのである。ハミルトンの巡礼問題のように、面が正五角形であることを要しない場合には、形勢は一変する。そのとき面数十二は重大なる意味を有するのである。もしも正五角形の「正」の一字を捨てるならば、その代償として面数十二を取って、十二の五角形で囲まれた多面体、簡約して、五角十二面体(pentagon-dodecahedron)とでもいうべきものを取らねばならない。面が十二で各面が五角形ならば、稜の数は、5×12÷2＝30である。面が十二、稜が三十ならば、オイラーの公式で m＝12，s＝30 だから t＝20 すなわち頂点は二十ある。頂点が二十ならば、各頂点に集まる稜は三つ以上だから、稜の数は 3×20÷2＝30 以上だが、稜はすでに三十ときまっているから、各頂点では、きっかり三つずつの稜(したがって面)が集交せねばならない。ギリシャ人は面を正五角形に限定したから、そのために、各頂点に集まる面は三つに限定されたのであった(正五角形の角は 108°。だから、それを四つ合わせると 360°。

よりも大きくなって、多面角ができない——五角皿の模型の条を参照)。五角形は正でなくともよいとするならば、一つの頂点にいくつも会し得るが、その時、面数十二という条件が付くと、オイラーの公式によって、各頂点に集まる面が三つずつに限定されて、正十二面体と同じ形相の線系が生ずる。ここでも、オイラーの公式が、その威力を発揮する。

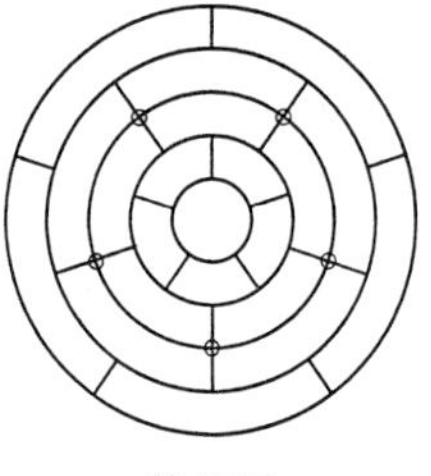

第47図

もしも面を五角形に限っただけで、面の数を指定しないならば、そういう多面体は、いくらもできるであろう。といっても、あまり、むやみにはできない。いま手近な一例を挙げてみよう。われわれは五角皿を重ねて正十二面体を作ったが、あの正十二面体の上の一つの面だけを取って捨てれば、十一面の壺ができるであろう。それと同じ壺を、も一つ作って、それを伏せて、重ねるならば、二十二面の立体が生ずる。継ぎ目の所が凹んでいて、凸多面体にならないのが、気になるならば、例の伸縮性を利用して、ふくらませればよい、その時面が歪五角形になるのは止むを得ない。形相図は右上のようになる。二つの壺の合せ目の所では、四つの面が一頂点に集まっている(第47図○印)。

この線系でも、ハミルトン式の頂点巡りは可能である。

任意の多面体において、頂点巡りの問題はいまだ解かれていないようである。

正多面体

正十二面体の話が出たから、ついでに正多面体の一般論を試みよう。

多面体が多種多様であることはすでに述べた。その中で、いかなるものを正多面体というべきであろうか。われわれはまず正多面体において、各面、各稜、各頂点が対等であることを要求する。それは無理ならぬ要求、最小限度の要求であろう。この要求によれば、各面は同数の辺を有し、各頂点には同数の稜が集交することが必要であるが、単にこれだけの条件のみから、オイラーの法則(三八頁)によって、すでに正多面体の型が限定される。これは、興味ある事柄と言わねばなるまい。

いま、正多面体の各頂点には、p 個の稜が集交するとする、すなわち各頂点における立体角は p 面角であるとする。

また各面は q 角形であるとする。

そうして頂点、稜、面の数を、例の通り t、s、m とする。

しからば、t 個の頂点に p 本ずつの稜が集交するから、稜の総数 s は pt の半分である。また m 個の面が q 本ずつの辺を有するから、稜の総数 s は qm の半分である。分かりよく書けば

$$pt=2s,\quad qm=2s \tag{1}$$

式は遠慮すべきだが、ほんの少し、つきあってもらうことにして、これを

$$t=\frac{2s}{p},\quad m=\frac{2s}{q} \tag{2}$$

と書き換える。これは、s が分かれば、t も m も分かることを記録したまでである。

さて、t、s、m は、オイラーの法則

$$t+m=s+2$$

によって結び付けられている。この t、m の所へ、上記(2)の値を持ち込むと

$$\frac{2s}{p}+\frac{2s}{q}=s+2$$

といった変なものが出て来るが、この等式の両辺を $2s$ で割ってみると

$$\frac{1}{p}+\frac{1}{q}=\frac{1}{2}+\frac{1}{s} \tag{3}$$

これは美しい式だ、と数学好きの中学生なら、喜ぶであろう。

さてpは多面体の一つの頂点に集まる稜の数であったから、3以上の整数である。またqは多面体の一つの面なる多角形の辺の数であったから、これも3以上の整数である。すなわち$\frac{1}{p}$、$\frac{1}{q}$は双方共に$\frac{1}{3}$、$\frac{1}{4}$、$\frac{1}{5}$、$\frac{1}{6}$、……のような分数であるが、(3)によれば、その和が$\frac{1}{2}$より大きくなくてはならない。ところで、$\frac{1}{4}$と$\frac{1}{4}$とを加えて、和がようやく$\frac{1}{2}$になるのだから、$\frac{1}{p}$、$\frac{1}{q}$のうち、少くとも一方は$\frac{1}{3}$でなくてはならない。しかるにまた$\frac{1}{3}$と$\frac{1}{6}$とを加えて、和がようやく$\frac{1}{2}$になるのだから、$\frac{1}{p}$、$\frac{1}{q}$の他の一つは$\frac{1}{6}$よりも大、すなわち$\frac{1}{3}$、$\frac{1}{4}$、$\frac{1}{5}$のうちのどれかでなくてはならない。要約すれば、p、qは一つが3で、他の一つは3または4または5でなければならない。

番号	p	q	s	t	m	名　称
I	3	3	6	4	4	正四面体
II	3	4	12	8	6	立　　方
III	4	3	12	6	8	正八面体
IV	3	5	30	20	12	正十二面体
V	5	3	30	12	20	正二十面体

IIとIIIとでは，pとqとが入れ代り，したがってtとmとが入れ代りになっている，すなわちIIでは面が6(頂点が8)，IIIでは反対に面が8(頂点が6)である．IVとVも同様で，IVでは面が12(頂点が20)，Vでは面が20(頂点が12)である．

このように p、q が限定されたところで、p、q がきまれば、(3)によって、s がきまり、したがって(2)によって t、m がきまるのであるが、s、t、m は整数でなければならない。実際計算をしてみると、前の表にあるように、五つの場合が生ずる。

表の右の欄に、正多面体の名称を書いておいたけれども、これは先繰りで、このような正多面体が実際存在することが確定されたわけではない。

上記の議論は、なくてはならない、なくてはならない、とならない尽しであった。したがって、われわれの到達した結論は、仮に正多面体なるものがあるとしたところで、その t、s、m は表に出ている五組以外には、あり得ないということにすぎなくて、いわば消極的である。かつまた頂点、稜、面の数だけが限定されても、同じ t、s、m の一組に対して、ただ一種の正多面体が存在するとは、根拠なしには、断言ができないであろう。「なくてはならない」から「である」までの途は遠い。「勝たねばならない」から、「勝った」まで、相当、長期戦を覚悟せねばならない。またしても、「ねばならない」である！

われわれは正多面体の資格として、各面、各稜、各頂点の対等なることを要求して、その要求の一部分(形相的の部分)のみを用いて、上記の表を得たが、対等の要求によれば、各稜は等長なることを要し、隣接する面の間の角(直截角)がすべて等しく、また隣接する稜の間の角(面なる多角形の角)がすべて等しいことを要する、したがって、各面はすべて等しい正多角形なることを要する。

以上は準備工作であった。上記五種の正多面体は実際可能である。しかしI、II、IIIの場合、すなわち正四面体、立方、正八面体は、あまりにも簡単だから、それらは省略して、残りの二つ、すなわち正十二面体および正二十面体について述べよう。ただし、われわれは幾何学教科書式の堅苦しい証明法を避けて、常識的の解説を試みる。

正十二面体の作図をするには、前に述べた五角皿から出発するのが、分かりやすいであろう。その五角皿とは、一つの正五角形を底面とし、それに等しい五つの正五角形を側面とする、立体図形であった(第48図)。

本来は、すでにこのような図形が可能であること、特に正五角形の辺の長さが定まれ

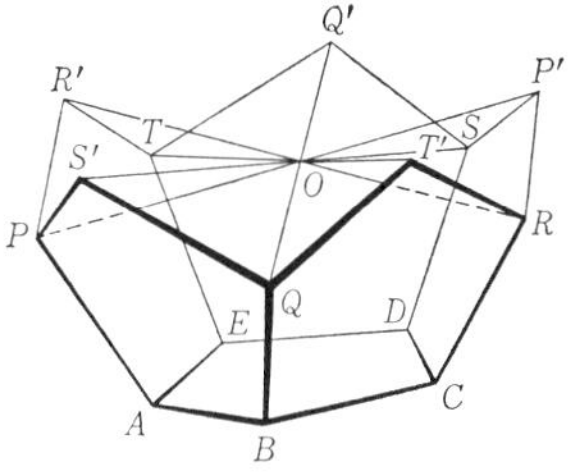

第48図

五角皿の縁の凸所 $P'Q'R'S'T'$ も凹所 $PQRST$ も正五角形であるが，それらは相等しい正五角形である．——稜 AP において正五角形なる二つの側面が接しているから，AP の両端に生ずる角 BAE と $S'PR'$ とは等しい．したがって三角形 BAE と $S'PR'$ とは等しく，$BE=R'S'$．故に $R'S'$ は面の正五角形の対角線と等長である．故に $PQRST$ と $P'Q'R'S'T'$ とは辺の等しい正五角形である．

ば、五角皿の形も一定であることから、証明して取り掛らねばならないのだが、それは常識的に明瞭と考える。

説明の便宜上、この図形に記号を付けることが必要である(第48図)。まず底の正五角形を$ABCDE$とする。さて側面の正五角形にも記号を付けるために、A、B、C、D、Eに対応して、アルファベットの連続した五文字例えばP、Q、R、S、Tを取ろう。そうしてA、B、C、D、Eから出ている五つの側稜を順々にAP、BQ、CR、DS、ETとする。残るところは側面の頂(底辺に対する頂点)であるが、底の五角形においてAに対する辺CDの上に立つ側面の頂をP'、同じように、B、C、D、Eに対する辺DE、EA、AB、BCの上の側面の頂を順々にQ'、R'、S'、T'とする。すなわち五角皿の縁のぎざぎざの凹んだ所が、$PQRST$、張り出した所が、$P'Q'R'S'T'$で、しかもPとP'またQとQ'、RとR'、SとS'、TとT'は、それぞれ向かい合っている。(APP')、(BQQ')、(CRR')、(DSS')、(ETT')が、図形において対等の位置を占めているのだから、眼を閉じても、これら十五の文字の示す点の位置の関係が分かるであろう。記号の詮議は、うるさいかも知れないが、記号に考慮を払っておかないと、後に至って説明が混雑して、ほとんど収拾すべからざるに至るであろう。記号の適当なる選択も、数学上の技術の一つの大切な手法である。

　このように記号を付けたところで、五角皿の平面図(第49図)を書いてみる。

　さて五角皿の構造を少し精密に考察するために、補助線として、ぎざぎざ口の対角線ともいうべきPP'、QQ'、RR'、SS'、TT'を引いてみる。第49図で、それらの正射影はpp'、qq'等々である。この図から五つの対角線PP'、QQ'等々は等長で、かつ同一の点を通って、その点において二等分されることは、容易に推察される。しかし推察では不安だから、なおよく考えてみねばなるまい。

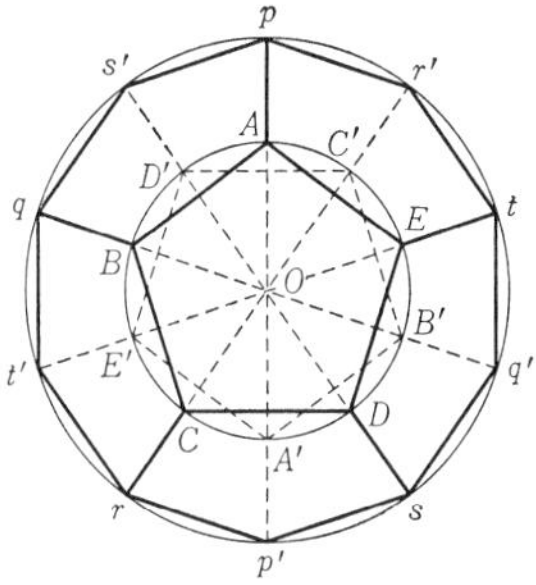

第49図

p, p' は P, P' の射影，その他 q, q' 等も同様．
$A'B'C'D'E'$ は後に言う上皿の底の射影．その稜の射影は破線で示す．

　まずPP'、QQ'を取ってみる。平面図においては、$pqp'q'$は一つの矩形をなしている。さてP、Qは底面上等高であり、またP'、Q'も等高である。だから$PQP'Q'$は$pqp'q'$の上に立てた温室の屋根のようで、それはやっぱり矩形である。そうしてPP'、QQ'はその屋根の対角線だから等長で、かつそれらの中点Oで交

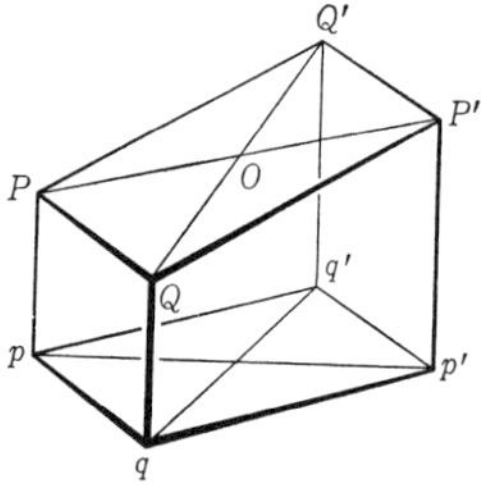

第50図

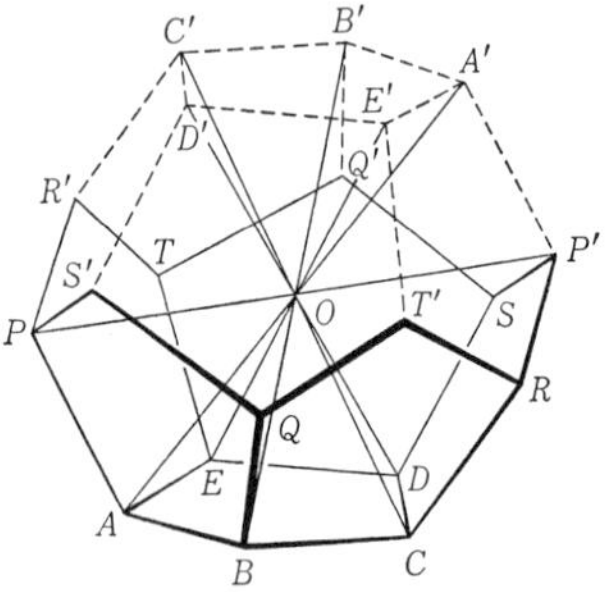

第51図

わっている(第50図)。

QQ'、RR'に関しても、同様だから、RR'はQQ'の中点、すなわちOを通って、Oにおいて二等分される。SS'、TT'も同様で、つまり推察通り、五つの対角線はOにおいて二等分される。

この点Oに関してA、B、C、D、Eと対称なる点をA'、B'、C'、D'、E'とする(第51図)。すなわち直線AOを引き延ばして、その上にAOに等しくOA'を取るのである。B'、C'、D'、E'も同様である。そうして、これらの点を結んで五角形$A'B'C'D'E'$を作り、また$A'P'$、$B'Q'$、$C'R'$、$D'S'$、$E'T'$を結べば、この五角形に接して五つの五角形が生じ、これらが、出発の五角皿と全く等しい第二の五角皿をなし、二つが、ぴったり合って正十二面体が得られる。

さて、正十二面体ができてしまえば、その各面が対等であるはずであった。例えば $CDSP'R$ を取ってみるならば、それを底とした五角皿のぎざぎざ縁は、凹な所が $BEQ'A'T'$ で、凸な所は $B'E'QAT$ である。このぎざぎざ縁の対角線 BB'、EE'、QQ'、AA'、TT' は一点で会して、その点で二等分されるはずであったが、その点は BB' の中点、すなわち元の O である。それはよいが、これらの対角線は等長であるはずだが、特に $AA'=QQ'$ を標記する。前の作図法で、下の皿の対角線 PP'、QQ'、RR'、SS'、TT'、が対等で等長であった。それから、後に作った AA'、BB'、CC'、DD'、EE' も対等で等長だが、それらは下皿と上皿との連絡係であって、両系統の五本ずつの対角線は成立の由来を異にしていたのであったが、でき上った正十二面体においては、それらがすべて対等であることが確定した。さきに標出した $AA'=QQ'$ は両系統の代表の握手である。両系統が閥を作って対立する理由はない。

十本の対等なる対角線が一点 O において二等分されているから、正十二面体の二十の頂点は O を中心とする一つの球面上にある。約言して、正十二面体はその球に内接するという。また球は正十二面体に外接するという。いまその球を頭の中に画いて、十二面体の各面の平面で、その球を截《き》ったと想像するならば、截《き》り口《くち》は相等しい円である。だから、球の中心からそれらの截面への垂線は等長で、垂線の足は各面(正五角形)の中心である。

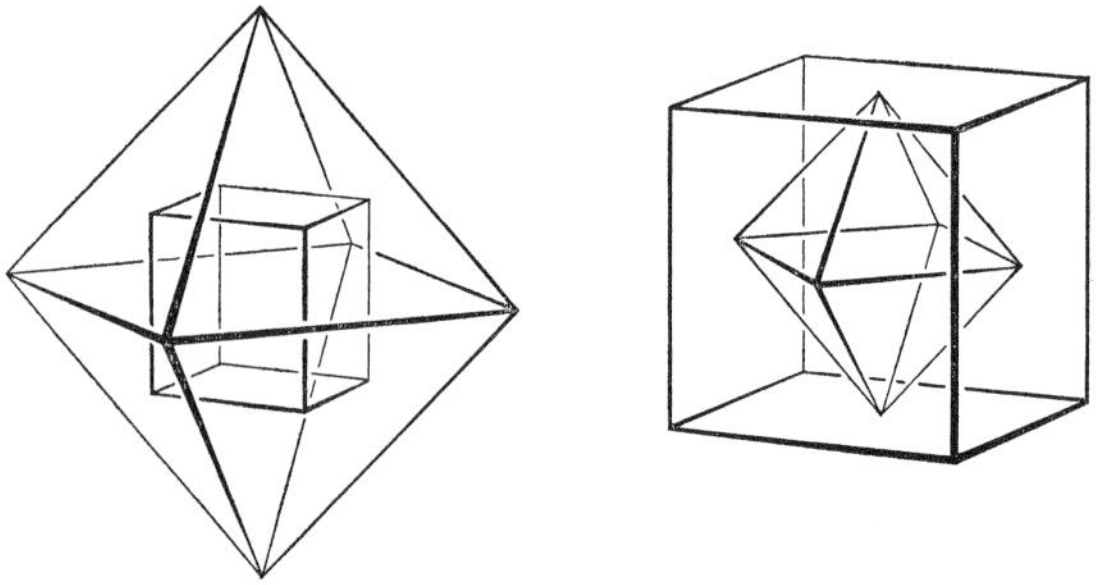

第52図

したがって、それらはOを中心とする一つの同心球面上にある。約言して、正十二面体はその球に外接するという。またその球は正十二面体に内接するという。

正十二面体の一つの頂点で会する三つの面の中心を結べば、一つの正三角形が生ずる。二十の頂点に対するこのような正三角形は一つの立体を作る。それが正二十面体である。それは、正十二面体の内接球に内接する。もっとも正十二面体の二十の頂点において、外接球に接する平面を作るならば、それらは、一つの二十面体を作る。それは前に作った二十面体を、Oを中心として拡大したものにほかならないが、今度のは正十二面体の外接球に外接する。ともかくも、正二十面体の可能性は確定したのである。

逆に、正二十面体の各頂点に会する五つの正三角形の中心(重心)を結べば、正五角形が生じ、十二の頂点

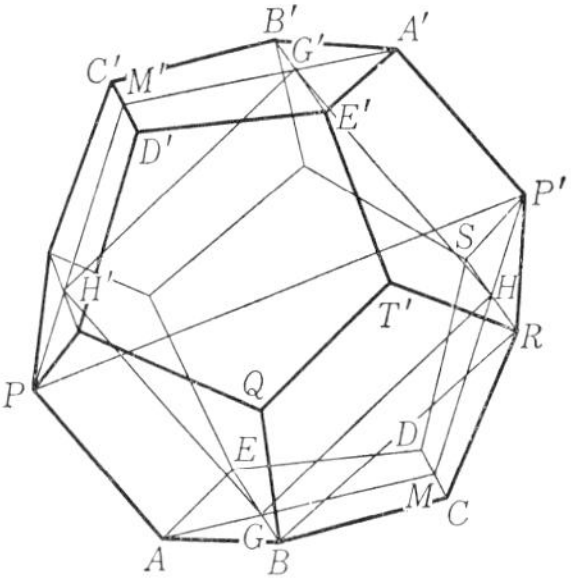

第53図

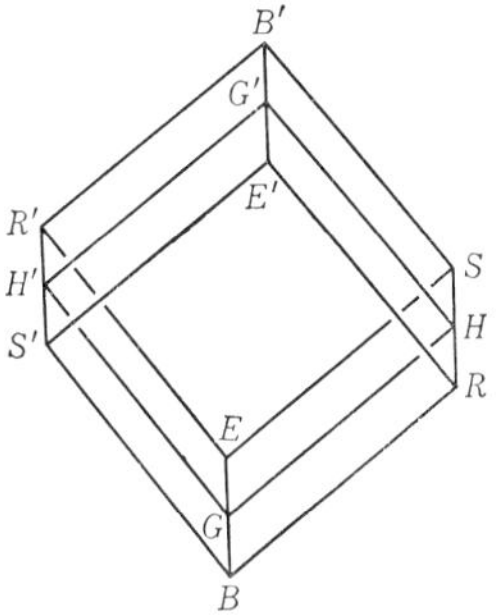

第54図

に対するこのような正五角形は一つの正十二面体をなす。このような双対的の関係は正六面体(立方)と正八面体との間にも成り立つ。正四面体と双対的なるものは、やはり正四面体である。

さて、せっかくできた正十二面体だから、も少し深くその構造を研究してみたいものである。今度は対角線PP'を通って五角皿の底に垂直なる平面を想像する(第53図)。これは五角皿の縦断面で、五角皿を左右二つの互に対称なる部分に分つ。特に底面の対角線BE、稜CDおよびP'を頂とする側面の対角線RSを、それぞれ図のG、M、Hにおいて直角に二等分する。しかるにBE、RSは正五角形なる面の対角線として等長であるから、BR、ESは平行かつ等長であるが、これらも面の対角線なのだから、BE、RSと等長である。故にB

RSE は正方形である。これは意外の発見であった。

この正方形 $BRSE$ は正十二面体の稜 CD において相接する二つの面の間に生れたものであったが、正十二面体の三十の稜に対して、このような正方形が三十できて、それらはみな相等しい。これらの正方形の間につぎのような関係がある。

まず正方形 $BRSE$ に対して、正方形 $B'R'S'E'$ がある(第54図)。いま BS'、RE'、$B'S$、$R'E$ を結んでみる。そのとき生ずる $BRE'S'$ は稜 QT' に対する正方形で、$B'R'ES$ はそれに対する正方形である。故に $BRSE—B'R'S'E'$ は立方である。この立方は前記の縦断面(第53図)によって $GHG'H'$ で截られている。

この立方の頂点は正十二面体の頂点である、すなわち立方は正十二面体に内接する。また立方の十二の稜は、正十二面体の十二の面の対角線である。一つの面の一つの対角線を取れば、それを稜とする立方が確定するから、立方は五つできる。すなわち三十の正方形が六つずつ一組になって、それらの立方を囲むのである。

つぎに上記の縦断面の図を掲げる(第55図)。記号は第53図の通りである。

われわれは現代的常識によって、正十二面体の作図法を考究して、格別の困難なく目的を達した。しかし正十二面体は古代ギリシャの幾何学の誇りであったのだから、ユークリ

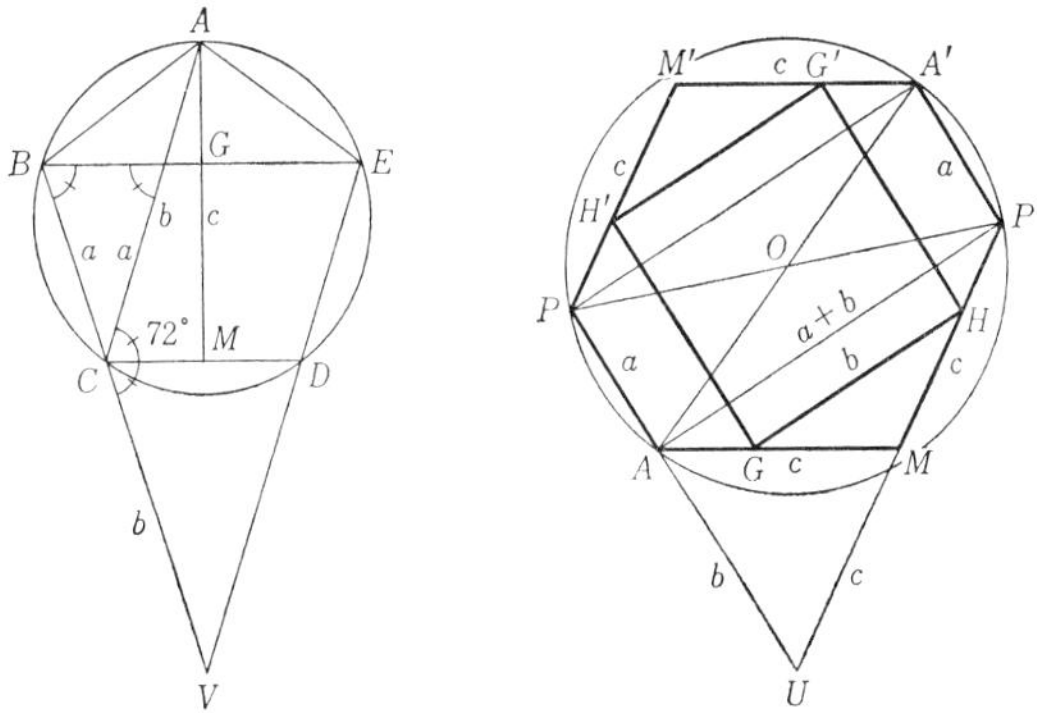

(乙)　(甲)

第55図

甲図 $AMP'A'M'P$ は正十二面体の縦断面，$GHG'H'$ は内接立方 $BESR$-$S'R'B'E'$ の縦断面である．五角皿の底なる正五角形 $ABCDE$(乙)において辺を a，対角線を b，高さを c とする．甲図から $AP':GH=AM:GM=b/a$．乙図から $VB:BE=VC:CD=b/a$．$GH=BE=b$ だから $AP'=VB=a+b$．故に甲図 $APA'P'$ は $a, a+b$ を二辺とする矩形で，$MAP', M'A'P$ は $AP', A'P$ を底とする斜辺 c なる二等辺三角形である．

五角皿の側面を延長すれば一点に会して五角錐を作る．その五角錐の側面は乙図 VCD に等しく，すなわち斜辺 b，底辺 a なる二等辺三角形である．故に甲図 AUM において $AU=b$，$UM=c$．また $AM=c$ だから AUM は底辺 b，斜辺 c なる二等辺三角形で，それの頂角および底角の補角として正十二面体の稜における直截角 $\angle AMP'$ および稜とそれに接する面との間の角 $\angle PAM$ が得られる．

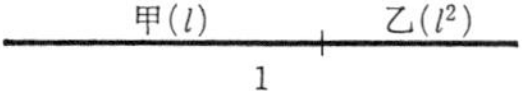

第56図

ッド幾何学原本に掲げてある作図法を、参考のために紹介しようと思うが、話を中断しないために、まず黄金分割を説明しなければならない。

一つの直線を甲乙二つの部分に分けて、甲の乙に対する比を全体の甲に対する比に等しくする(全体：甲＝甲：乙)ことを、中末比(extreme and mean ratio)に分つ、あるいは黄金分割という。甲が中項(mean)、乙が末項(extreme)である。だから、直線の全長を1、中項を l とすれば、末項は l^2 で、$l^2+l=1$. これを l に関する二次方程式と見て解けば

$$l=\frac{\sqrt{5}-1}{2}=0.618\cdots$$

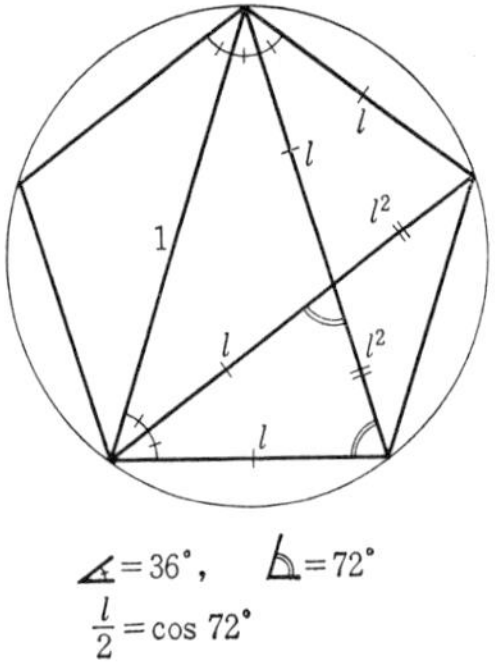

第57図

ギリシャの数学で中末比が珍重された原因は、それが正五角形の作図法に関係して現われて来たことにある。実際正五角形の一辺と対角線との比は、中末比 $l:1$ に等しい(第57図)。

古代人には無理数は複雑怪奇、したがって不合理的であったのだが、幾何学から、無理数が出て

来るのをいかんともすることを得なかった。その第一は正方形の対角線からの$\sqrt{2}$であるが、正五角形からも、中末比として無理数lが出る。実に神秘的で、畏敬せざるを得なかったのであろう。もっとも古代では、ギリシャ以外の民族は、このような問題には無神経であった。現代では反対に伝統墨守で、何の事ともなしに、中末比を中学生に課して、はなはだ粗末に取り扱っている。

黄金分割の神秘性は造形美術上にも援用されるに至った。例えば窓あるいは扉などは横と縦との割合を中末比(すなわち約5:8)にすれば、恰好がよいとされた。書物などの形も同様。人体では、身長を黄金分割した所が臍《へそ》で、臍から上を黄金分割した所が肩の線、肩の線から上を黄金分割した所が鼻頭、また臍から下を黄金分割した所が膝であるのが標準的である、等々。

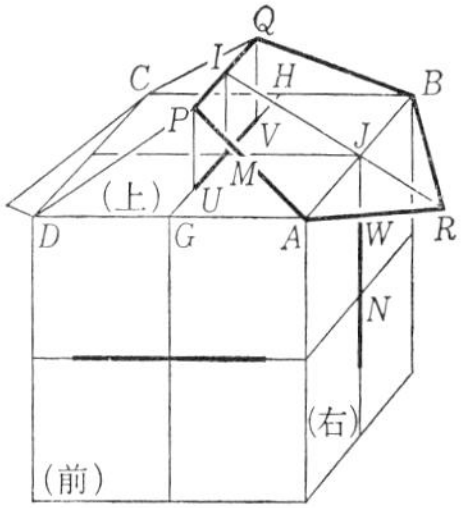

第58図

さて、ユークリッドに返るが、幾何学原本掲載の方法は、内接立方を基本として、その周りに正十二面体を作るのである(第58図)。いま一つの立方を取って、その上面を$ABCD$とする。われわれは簡明のために、原本のややこしい記号を使わないで、立方の面を上下、前後、左右と略称する。その指すところは明瞭であろう。さて立方の稜の長さを b として、それを中末比に分割した中項を a とする(すなわち a を一辺とする正五角形の対角線が b である(第57図))。立方の上面の中心 M を通って前後に縦断線 GH を引いて、その上に、M を中点として、a に等しく UV を取って、U、V から立方の上面に垂直に UP、VQ を $\frac{a}{2}$ に等しく取って PQ、PA、QB を結ぶ。

つぎに立方の右の面で、中心 N を通って上下に縦断線を引いて、その上に、$\frac{a}{2}$ に等しく NW を取り、W からその面に垂直に、$\frac{a}{2}$ に等しく WR を取って、AR、BR を結ぶ。このようにして、立方の上面に対して、五角の屋根のようなもの、$PQBRA$ が生ずる。同様にして、立方の上面の左側にも PQ を棟とした全く同形の五角屋根ができるであろう。

立方の各面に対して、同様の作図をするのであるが、左右の面に対しては、屋根の棟を上下に取り、また前後の面に対しては、棟を左右に取るのである。そうすれば、右の面に対する屋根では、つまの所がちょうど、上面の屋根の庇《ひさし》のように出っ張った ABR で塞がれ、また前面の屋根の庇は、ちょうど上面の屋根のつま ADP を塞ぐことになる。

このようにして、立方の六つの面に対して作られた十二の五角屋根が、ぴったり合ってしまう。横倒しの屋根や、仰向きの屋根は、わざと図に書かなかった。図に書くよりも、想像した方が分かりよいであろう。

十二の五角屋根が、ぴったり合っても、正十二面体が、めでたくでき上ったのではない。(第一)$PQBRA$を屋根のようだと言っても、それが果して平面であろうか(それが不安であることは、小井と小皿との場合に、すでにお嬢さんが指摘した)。また五角屋根が平面であるとして、それが正五角形であろうか、すなわち、(第二)それが等角であるか。(第三)それが等辺であるか。それらも不安である。これらの不安が解消されて、心配無用となったときに、正十二面体が誕生するのである。ユークリッドは、その心配無用を見事弁証しているが、その方法はいかにも素朴、稚拙と言わねばならない。それは第一、第二、第三の論点を、考慮なく、そのままの順序で、律儀に取り上げたからである。

ユークリッドの屋根葺きの意図は明らかだから、例の巧者なのは、始めから正五角形の屋根を持って行って、その対角線を立方の稜に合せて、棟が立方面の中央直上に来るようにしておいて、而《しか》して後に、棟の高さと、庇の尖端の位置とを測って、それが上記作図法の計画通りであることを、手ばしこく験証するであろう。すなわち、今度は$PQBRA$は、始めから正五角形で、屋根の側面図はつぎのようになる(第59図〔a〕が、そこで確めるべきことは、上に掲げる(I)である。

この側面図を注意して見ると、直角三角形IMJとJWRとは相似で、MJは$b/2$で既知である。よってまずこれら二つの三角形の相似比を考察する。さて、正五角形$PQBRA$(第59図〔b〕)において、対角線PRは

(I)

$IM=a/2$
$NW=a/2$
$WR=a/2$

ABによって中末比に分たれるから(第57図参看)、IRはJにおいて、同じく中末比に分たれる。すなわち$IJ:JR=1:l$ ただし、lは中末比である。すなわちいうところの相似比は1対lであるが、MJは$b/2$であったから、WRは$lb/2$、すなわち$a/2$である。すなわち、上記(I)において、まずWRは合っている。

そこで、いまもし(I)においてIMが$a/2$なることが分かれば、JWは$la/2$になるから、NJがWにおいて中末比に分たれ、したがってNWが$a/2$ということになる(JNは$b/2$で、bを中末比に分てば、中項はlbすなわちa、末項はlaであるから)。そうすると、(I)は全部確定する。すなわち、われわれは問題(I)を征服して、それを問題(II)にまで圧縮したのである。

(II)

$IM=WR$

さて、直角三角形IMJにおいて、MJは既知($b/2$)だから、IJが分かれば、IMが計算されるが、そのIJは正五角形$PQBRA$から計算さ

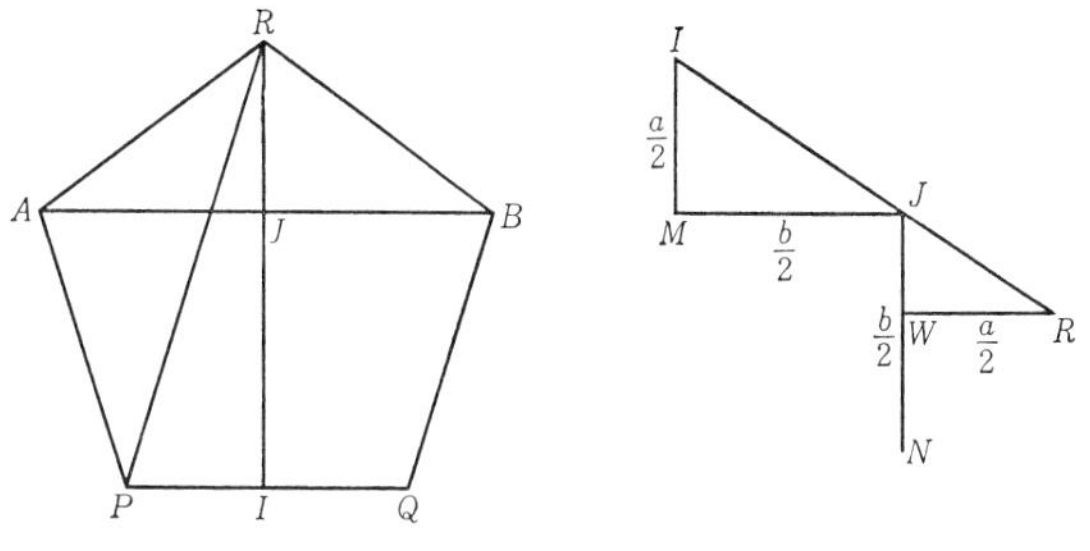

第59図

れるであろうから、問題のIMも計算によって求められるが、器械的なる無味乾燥の計算を待たないで、第55図(甲)を一見すれば、(II)は明白である。あの図にも、すでに五角屋根の側面図ができている。それは$MG$$A$で、棟の高さ$IM$に当るものは、$M$から$GH$への垂線で、庇の突出$WR$に当るものは、$A$から$GH'$への垂線である。どちらも正十二面体の一つの稜と、それに対する例の内接立方の面との間の距離に等しく、それは一定であった。要約すれば、ユークリッドが数量的に示した不思議な作図法は、われわれが常識的に自然に導き出した作図と符合している。符合は当然で、万一、符合しなかったら大変であるが、ただ、すべての道がローマに通ずるとしても、坦々たるドライヴ・ウェーもあり、荒廃した古典道路もあることを知らねばならない。

ユークリッドの幾何学原本には、正十二面体よりも前に、正二十面体の作図法が載せてある。その方法は正十二面体の作図法とは、全然、違った趣向である。正十二面体と正二十面体との間の双対関係(外接内接の関係、七八頁)には、ギリシャの幾何学が気付いていた痕跡がない。正二十面体の可能性は前に(七八頁)述べたが、いまその構造を簡略に述べよう。

一つの正五角形を底とし、正三角形を側面とする五角錐 $V-ABCDE$ を作って(第60図)、その底を抜いてしまえば、一つの正五面角の笠ができる。正というのは、頂点における面の角(60°)がみな等しく、かつ相隣る面の間の角(直截角)がみな等しいからである。さて、A を頂点として、A において会する元の笠の二つの面を共有する全く同形の笠($A-BVEC'D'$)が作られる(そのとき CD、$D'C'$ は BE に平行、したがって互に平行である)。同様に B、C、D、E を頂点として、都合五つの五角笠が作られて、隣り合った二つの笠は二つの面を共有するが、そのふちの中で、元の笠(V)に接しないもの五つが繋って、一つの正五角形($A'B'C'D'E'$)をなすであろう。そこで、それを底として、元の笠と同形の笠($V'-A'B'C'D'E'$)を、それに向き合わせて作れば、正二十面体ができ上る。元の上笠(頂点 V)と、納めの下笠(頂点 V')との仲介の役をした五つの笠の面の中で、上笠にも、下笠にも属しないものは、十個の正三角形で、それらは交互に下向き、上向きになって、上笠と下笠との間に帯状をなしている。これらの正三角面の中で下向きのものだけを上笠にくっ付けるならば、第61図上のようになるであろう。上笠の元の縁 $ABCDE$ の点 A に対する辺 CD において、上笠にくっ付けた三角面の頂点が A' で、B に対する B'、C に対する C' 等々も同様である。さて、この飾付きの上笠と同形のものを作って、それを仰向きにして、上のに合わせるならば、ぴったり合って、正二十面体ができ上るのである。

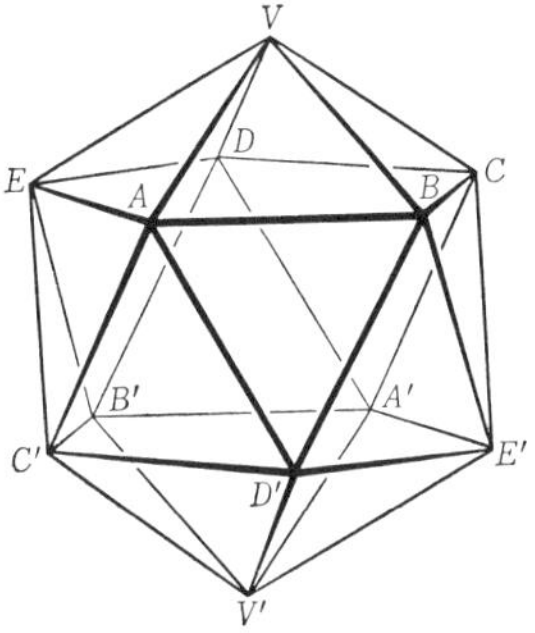

第60図

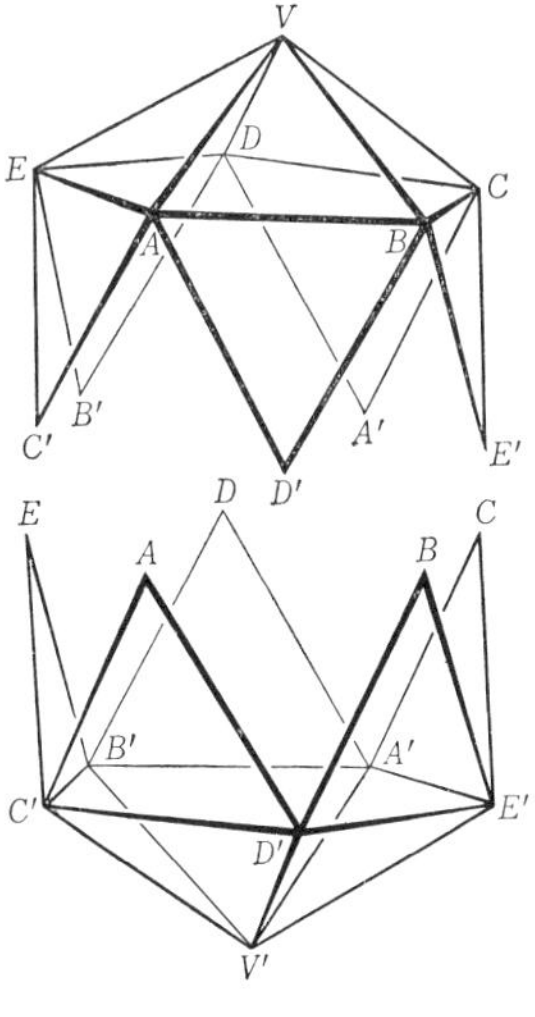

第61図

正二十面体ができてしまえば、十二の頂点のどれを取って上笠を作っても、それに対する頂点を取って下笠ができる。VV' と AA'、BB'、CC'、DD'、EE' とは一点 O において会して、その点において、二等分される。その点 O が正二十面体に外接する球の中心である。

V を頂点とする上笠をよく見ると、稜 VA と辺 CD とが互に垂直であることが分かるであろう。同じように、C を頂点とする五角笠においてCD は BE' と互に垂直で、また B を頂点とする五角笠において、BE' は AV と互に垂直である。すなわち正二十面体の三つの稜 VA、CD、BE' は二つずつ互に垂直である。これらの稜と、それに平行なる稜 $V'A'$、$C'D'$、$B'E$ とを一つずつ含んだ六つの平面で、正二十面体に外接する立方ができる。三十の稜が六つずつ五組に分かれて、このような立方が五つ生ずる。それらは正十二面体に内接する五つの立方(八〇頁)に照応するものである。この立方の稜の長さは VA、$V'A'$ 間の距離に等しいが、それは VA' に等しい(VV' は正二十面体の外接球の直径だから $VAV'A'$ は矩形である)。この VA' は C を頂点とする五角笠の縁の正五角形($VBE'A'D$)の一つの対角線である。故に正二十面体の稜を a、外接立方の稜を b とすれば、一辺 a なる正五角形の対角線として b が得られる。

外接立方を利用して、正二十面体の簡明なる作図法が得られる。すなわち稜の長さが b なる立方を作って、その前後、左右、上下の面の中心を中点として、長さ a なる直線を面上に、左右、上下、前後に引けば、それらが正二十面体の六つの稜になる。その端を上の図のように結べば、他の稜ができて、正二十面体が完成される(第62図)。ユークリッドは、この方法を、不幸にも不適切なる正十二面体に適用したから、ごたついたのである。このように、次から次へと追求すれば、興味は津々として尽きないが、積み上げというか、掘り下げというか、限りなき推理の連鎖に追随するのも退屈であろうから、一まず打ち切りとしよう。ただ参考として、正二十面体の相対する二つの稜を含む平面によっての截面図を画いておこう(第63図)。

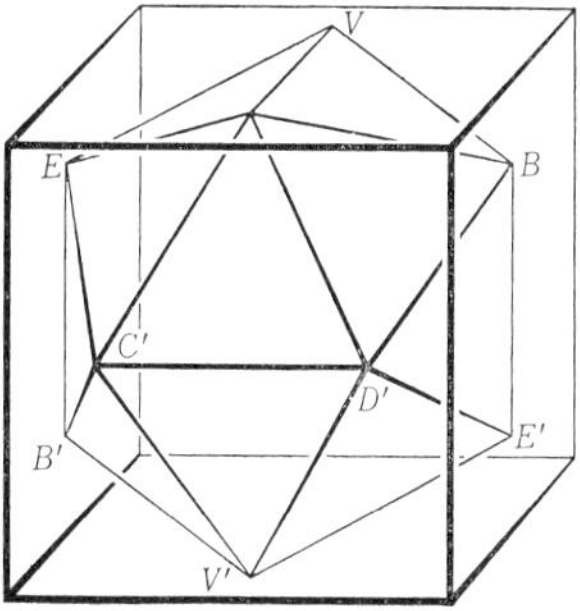

第62図

五種の正多面体は、古代ギリシャにおいて、すでにピタゴラスが発見したとされている。そうだとすると、それはいまからほとんど二千六百年前である。それは驚嘆を要求する。われわれは脱帽せざるを得ない。特に、正十二面体と正二十面体とは、自然界が産み能わ

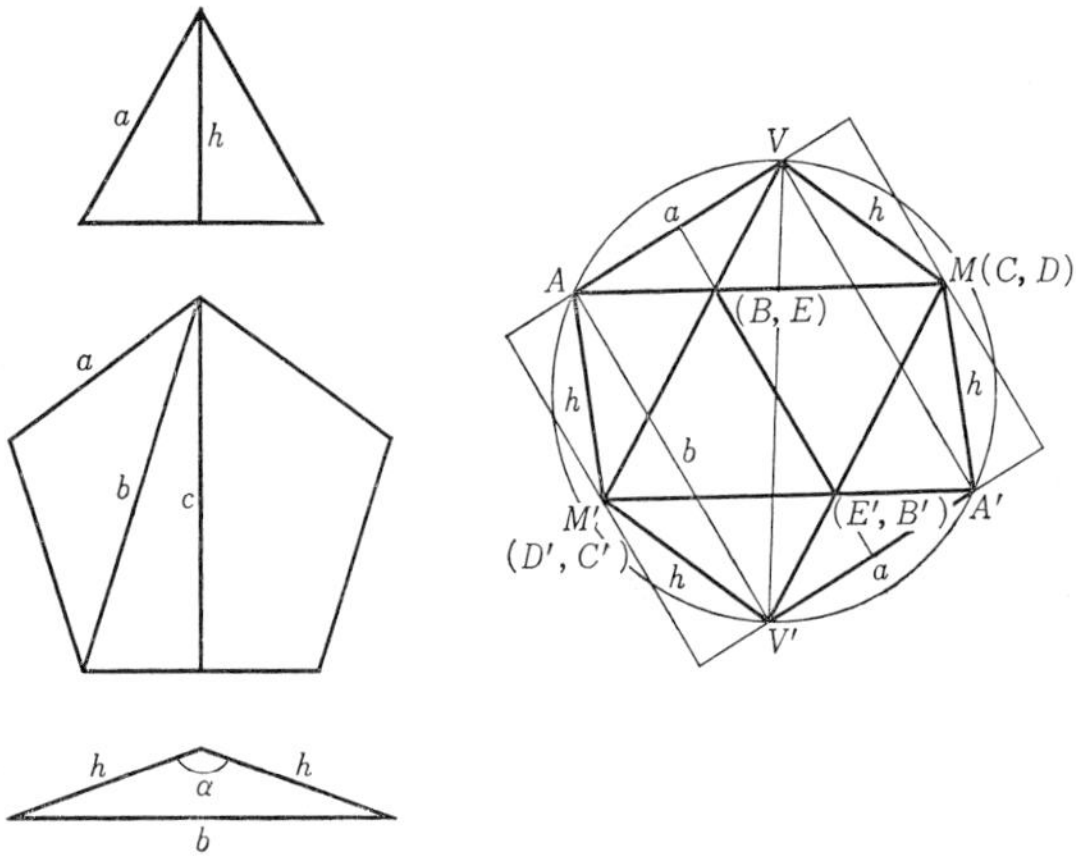

第63図

これは正二十面体の正面図である．

一辺 a なる正三角形の高さを h とする，また一辺 a なる正五角形の対角線を b，高さを c とする．b を底，h を斜辺とする二等辺三角形を作れば，その頂角 α が正二十面体の稜における直截角である．

辺 a, b をもって矩形 $VAV'A'$ を作り，$A'V, AV'$ を底として斜辺 h(頂角 α)なる二等辺三角形 $A'VM$，$AV'M'$ を作れば，M は稜 CD の中点，M' は稜 $D'C'$ の中点で $MM'=b$．$VAM'V'A'M$ は二十面体の截面である．M，M' を通り $A'V, AV'$ に平行線を引いて VA, $V'A'$ の延長に会せしめれば平方が生ずる．それが外接立方の中央截面である．

VAM, $V'A'M'$ は上笠，下笠の正面図で $AM=A'M'=c$．

ざる結晶で、それは純然たる「脳産物」である。

雑草のように多種多様なる多面体の中から、正多面体として摘まれるものは、ただ五草である。くしく、めでたく、うるわしき物よ、とわれわれの祖先ならば、感賞したであろうが、そのような淡々たる態度を、発見者は取り得なかった。彼らは執拗である。彼らは正多面体を神秘化して、それを四大に配合した。火は正四面体、風は正八面体、水は正二十面体、土は立方、というようなことであったそうだが、最も晩《おそ》く、恐らく、多年苦心惨憺の後に、発見された正十二面体には、配合すべき四大がない。そこで、正十二面体には宇宙の霊気、エーテルといったものが配合されて、そうして正多面体は、総括して、宇宙的図形(cosmic figures)といわれることになったとやら。その後、正多面体はプラトン図形(Platonic figures)とも称せられた。恋にも名を貸した彼氏だから、重荷に小付けであろう。特に、幾何学好きで、それを知らぬ者、わが学園に入る勿れと、いったという彼氏である。

正多面体にしても、四大や五行と縁を切って、プラトン先生のところへ、はしためにでも、すみこんだのは、大した出世というものであろう。

〔付記〕 幾何学原本には、正多面体の一般的の定義は掲げられてない。ただ第十三巻の終りに、正多角形で囲まれた立体は五種に限るといっているから、正多角形で囲まれた立体すなわち正多面体と考えていたかに見える。しかし、それはいけない。正方形で囲まれた多面体は立方に限り、また正五角形で囲まれた多面体は正十二面体に限るが、正三角形で囲まれた多面体が、必ずしも正多面体でないことは、誰にも分かることである。たとえば、正四面体を二つくっ付けて作った独鈷形でも、または例の五角笠を二つくっ付けて作られる十面体でも、正三角形で囲まれてはいるが、正多面体ではない。

われわれは各頂点、各稜、各面の対等なることを以て、正多面体の定義として、それから各面が正多角形であることを導いたが、そこには、釈明を要する論点がある。まず、稜の対等性から各稜は等長であるから、面が三角形ならば、それは正三角形である(正四面体、正八面体、正二十面体)。さて、稜における直截角がみな等しいから、頂点における立体角が三面角ならば、それは正三面角で、各面角が等しい。そこで頂点の対等性によって、各頂点における面角はみな等しく、したがって各面が等辺・等角、すなわち正多角形になる(立方、正十二面体)。なお双対的に正四面体、正八面体、正二十面体においても、各頂点における立体角が正多面角である。七一頁に述べた p、q の中、一つは3であることが、ここへ利いて来るのである。

隣組、地図の塗り別け

トントントンカラリの隣組では、お隣りのお隣りは、やっぱりお隣りである。太郎君の隣りが二郎君で、二郎君の隣りが三郎君ならば、太郎君と三郎君とは同じ隣組に属しても、必ずしも、垣根越しに話ができるとは限らない。いまもし、お隣りの意味を狭く限定して、直接に隣接するうちだけで隣組を組織するならば、一つの隣組に幾軒が参加することができるであろうか。

これは平面上の問題であるが、球面上でも同様の問題が生ずる。地球上の陸も海も一所にして、それをいくつかの国のブロック、――共栄圏に分割して、しかも各圏が互に境を接して、仲よくしようという協定ができたとして、それらの共栄圏はいくつまで可能であろうか。

要約すれば、平面上または球面上で、どの二つもが互に隣接する区域が、いくつまで可能であるか、という問題である。ただし、区域が互に隣接するというのは、境界線の一部を共有することを意味する。

第64図の区域1、2、3、4の中で、1と3と、また2と4とは、隅の一点において接してはいるが、それらは、上記の意味で隣接する区域ではない。もしも、そのようなのをも隣接とするならば、隣接区域はいくつでもできるから、問題にならない(第65図)。

さて、二つの隣接する区域1、2はわけなくできるが、その上に第三の区域3を加えて、それを1にも2にも接せしめるには、第66図のようにすればよい。その上になお区域4を添えて、それを1にも、2にも、3にも接せしめるには、第67図〔a〕のようにすればよいが、そのとき区域1は2、3、4で囲まれるから、その上にさらに区域5を添えて、1、2、3、4に接せしめることはできない。もちろん区域4は第67図〔b〕のようにしてもよいが、その場合には、2が囲まれる。また同図〔c〕では、1と2とが、3と4とで囲まれ、〔d〕では1、2、3が4で囲まれる。どの場合にも、なお一つの区域5を添えて、それを1、2、3、4に接せしめることはできない。

隣接区域の問題では、各区域の形に関しては、何らの要求もないのだから、各区を矩形または矩形もどきにする必要はもちろんない。重要なのは、区と区との隣接する具合であ

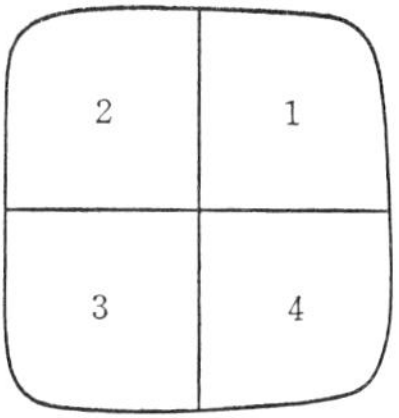

第 64 図

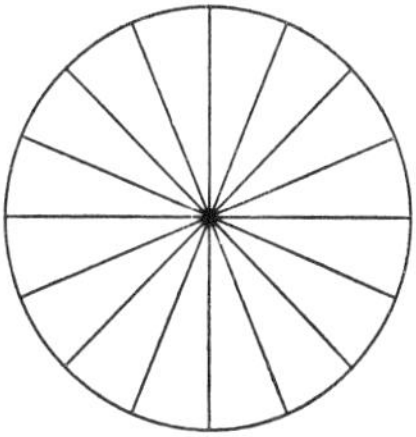

第 65 図

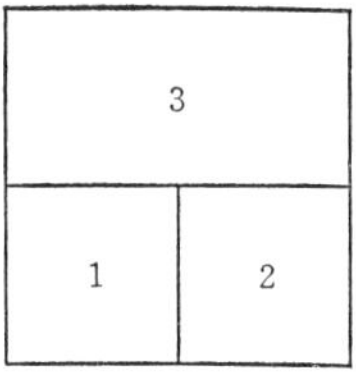

第 66 図

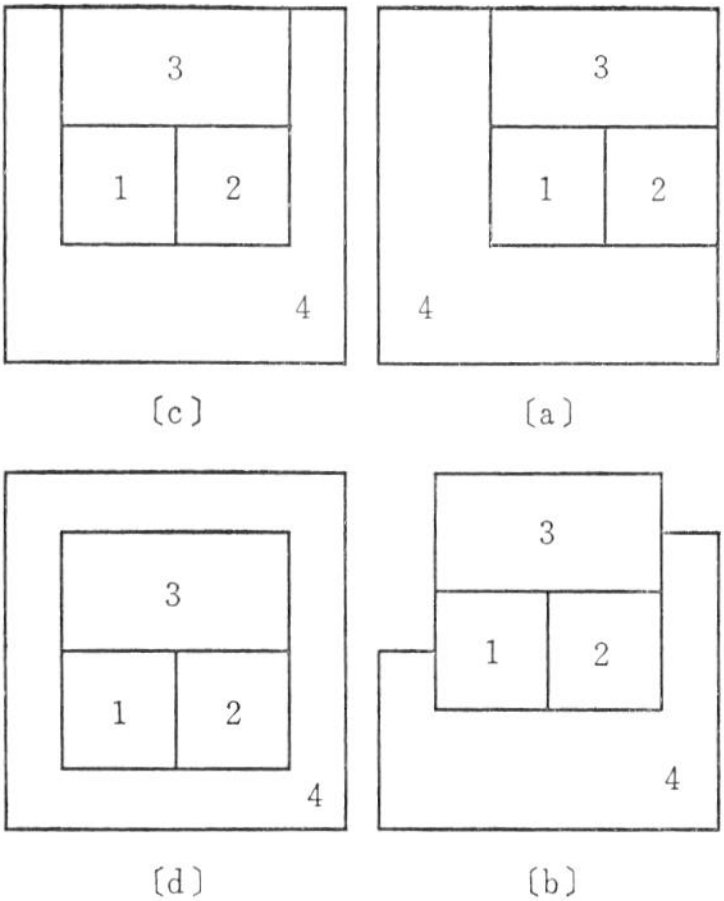

第 67 図

る。すなわち隣組の型、隣組の形相である。その形相を見やすくするためには、第67図〔a〕、〔c〕、〔d〕で、1が2、3、4で囲まれ、また1、2が3、4で囲まれ、また1、2、3が4に囲まれている形相を、第68図のように書くこともできる。

　球面上でも、隣接区域は四つより多く有り得ないことは平面上と同様であるが、平面の場合よりも簡明である。平面上では、隣接の形相において、囲む、囲まれるの差別があって、第68図のように三つの型が生じたのであったが、球面へ行くと、囲む囲まれるの差別がなくなるのである。地球の表面で、われわれは陸が海に囲まれていると思っているが、魚類の立場から言えば、海が陸に囲まれて、陸が交通の自由を妨げているのであろう。

　いま、球面上に一つの閉線(輪のような線)を書いたとすれば、その線は、球面を二つの

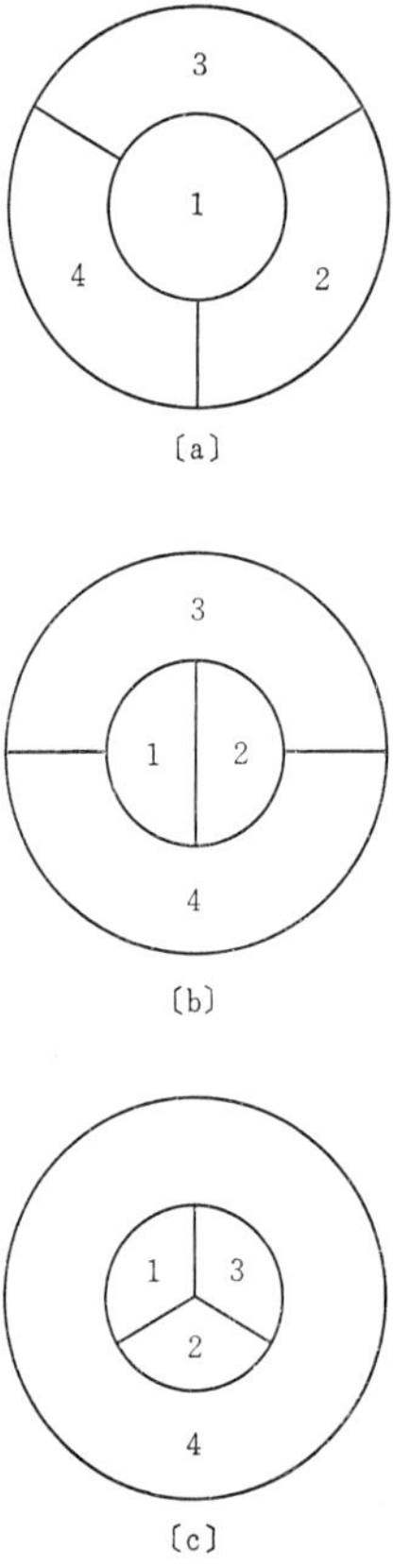

第68図

区域に分割する。それらの区域の広狭などを問題にしないならば、二つの区域は対等である(平面上では、一つの閉線は、平面を内外の二つの部分に分けるが、内と外との差別が付く)。

さて、球面上の隣組の形相を考えてみよう。まず球面上の隣組では、二つの区域が二つ以上の離れた線において接することは許されない。いまもし区域1、2が線a、bで接していると仮定するならば(第69図)、区域1の中の一点から出発して、区域1の中だけを通って境界aに達し、それから、区域2を通って境界bに達し、それから再び区域1に入って出発点に返ることができる。この通路は球面上の閉線で、区域1、2を合併した区域内にある。したがってこの合併区域は球面を帯のように横断するから、球面の残りの二つの部分の間には接触がない。したがっていまわれわれの希望するような隣組はできないことになる。

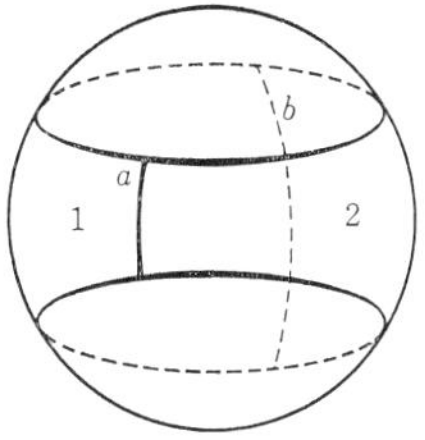

第69図

そこで、球面上の区域1の境界線は、区域2、3、4に接する三つの部分に分かれねばならない。それら三つの部分をBC、CD、DBとし、区域1はCDにおいて区域2に接し、DBにおいて区域3に、BCにおいて区域4に接する

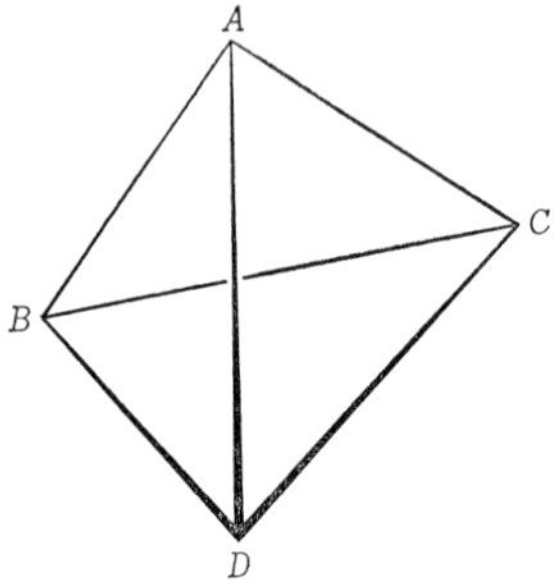

第71図

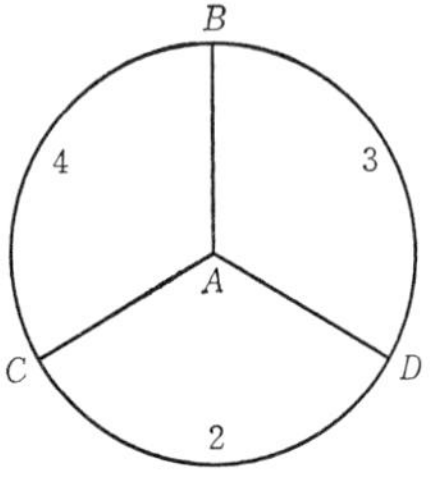

第70図

とする(第70図、見やすいように、区域1を半球として図の表面へ出さないことにした)。さて区域2、3の境界線を、その一端Dから辿って行って、それが区域4に出くわす点をAとする。しからば、区域3、4の境界はABで、区域2、4の境界はACである。

これで球面上の隣組の型は確定したのである。すなわち球面上に四つの点A、B、C、Dを取って、それらを二つずつ、互に交わらない六つの線で結び付ける。六つの線はAB、AC、AD、BC、BD、CDである。そうすると球面がABC、ABD、ACD、BCDの四つの区域に分たれて、それらの区域は二つずつ接している。隣接の具合は四面体の四つの面と同様である(第71図)。

前にも言うたのだが、球面上の図を平面上に表現するために、第70図の球面(または第71図の四面体の表

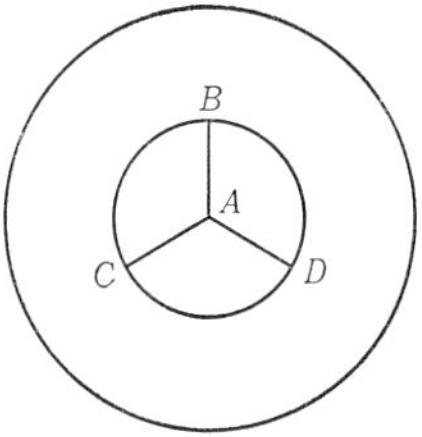

第72図

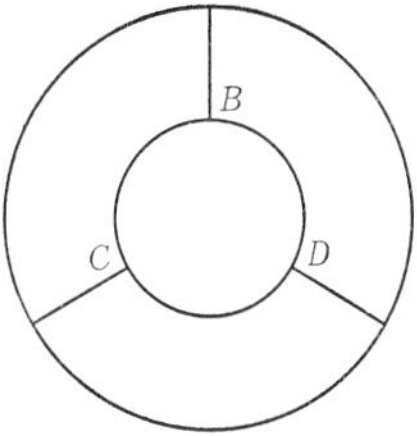

第73図

面)が、伸縮自在な理想的のゴム膜でできていると想像して、その面上に小さな穴を明けて、そこへ指を突っ込んで、うんと引き延ばして、平面上に張り付けたとする。その際、面は裂けもせず、また襞も生じないとする。面上の線も、仮想の伸縮性を利用して、あまり不規則、不体裁で、見にくくならないように、宜しく姿勢を整えることにしよう。さてその穴の明け所であるが、まず面 BCD の内に穴を明けて、引き延ばしたとすれば、上のような平面図(第72図)ができるであろう。外の大きい円は穴の輪郭である。これは第68図〔c〕と同形である。

もしも頂点 A の所に穴を取ったとすれば、第73図のようになる。点 A が無いのは、穴を明けたときに取り去られたからである。これは第68図〔a〕と同じ形である。

最後の場合として、線 AB の中途の一点に穴を取ってみよう。そうすれば形相図は第74図のようになるであろう。球

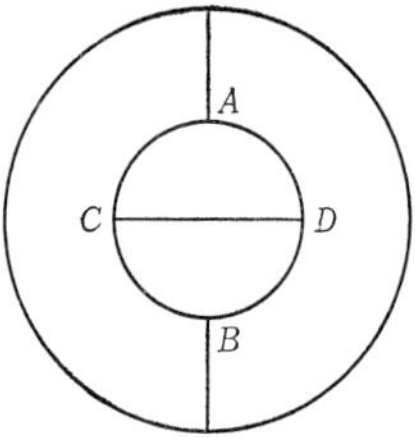

第74図

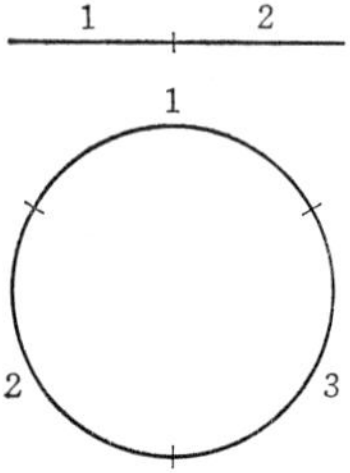

第75図

面上の線ABは穴の所で中断されるから、形相図には、その二つの断片が現われている。その他の五つの線は無難である。それは第68図〔b〕と同形である。このように、平面上での隣組の三つの型(第68図)が、球面上では、唯一つ(第70図)に統一される。このように、差別の中に平等を見出すのが、科学の重要なる一つの任務である。

隣組の問題は、線の上でも生ずる。線の上では、区域というのは、線の部分で、隣接というのは、端の一点を共有することである。しからば、二つずつ接する隣組は、開いた線の上では、二つ、閉じた線の上では三つまでに限る(第75図)。このことを、実は前に(九九頁)応用したのであった。

面から線へ下れば、隣組の問題は簡単になってしまうが、もしも立体(三次元空間)の場合に行ったならば、どうであろうか。どの二つも、その面において隣接する立体は、いくつまで可能であろうか。それは、意外にもお好み次第、いくつでもできる。いま一例として、六個の立体の隣組を作ってみよう。

いま、子供の玩ぶ積木の小角柱のようなの六個を縦に並べ、その上に同じく六個を横に並べて、それらに1、2、……、6および1′、2′、……、6′と番号を付ける(第76図)。

そうすれば、上の各小片と下の各小片とはもちろん互に接している。けれども上同士または下同士の間では、すべてが互に接してはいない。そこで上と下とで同じ番号の小片、例えば1と1′とまた2と2′と等々を釘付けにして、六個の立体1-1′、2-2′、……、6-6′を作る。そうすれば、それらは、二つずつ互に接する。例えば2-2′と5-5′とは、2と5′との接する面と2′と5との接する面との二ケ所で接している。すなわち六個の立体が、二つずつ接しているのであるが、六というのは一例であって、百でも千でも同じようである。

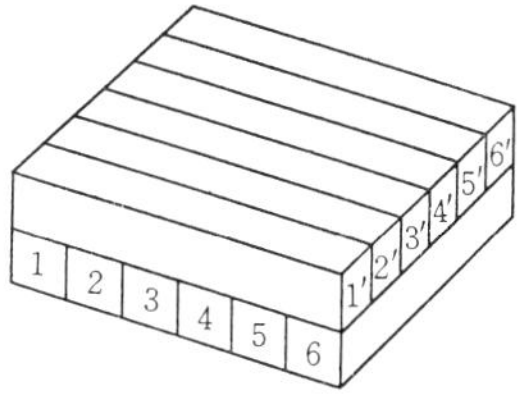

第76図

地図で国々を色別けにするのに、各国をそれぞれ違った色で塗れば、一番よいのだが、それでは、あまり手数がかかるから、大に譲歩して、境を接した国が同じ色にならなければよいことにしよう。その時、幾種の色を用意すれば、よいであろうか。

製版業者の経験によれば、色は四種で間に合うということである。五種以上の色が是非とも必要であるような場合に遭遇したことは、かつてないそうである。

この話に示唆されて、ケーレー(Cayley)が、問題を数学化した。どのような地図でも、国の塗り別けが、果して四種の色でできるであろうか。あるいは、もっと抽象的に、平面が、いくつかの区域に分たれているとき、それらの区域に四つの文字 a、b、c、d を配布して、隣接する区域に同じ文字が付かないようにすることができるであろうか、というのである。これが有名なる四色問題である。このような、くだらない問題が、なぜ有名かといえば、このくだらない問題が、現今の人間の頭では、いまだ解決されていないからである。〔編集部注：その後、一九七〇年代にコンピューターを駆使して肯定的に解決された。〕

地図を引き合いに出したのは、興味を唆るための手段であるから、地図に拘泥してはいけない。近い将来に世界の地図がいかに書きかえられるであろうとか、あるいはまた製版のコストがいかほど軽減され得るか、などは問題でない。問題は、平面上の区域の間の隣接の関係で、それは全く非人情的である。強いて人情的なる要素を求めるならば、万物の霊長を以て自任するわれわれ人類の優秀性が、四色問題によって、鼎《かなえ》の軽重を問われているところにあるであろう。

平面の区域別の簡単なる一例は碁盤の目である(第77図)、これは a、b の二色で塗り別けができる。これを少し変形して第78図のような敷石にすれば、すでに三つの色がぜひとも必要であるが、また三つで十分である。第79図は正十二面体の形相図であるが、これも少し工夫すれば、四色で塗り別けられる。

しかし、仮想的の地図は無数にできるから、このような試行では、問題は解決されない。

ここで思い出すのは、前に述べた隣組の問題である。平面上で、どの二つも互に隣接する区域の数は四つ以下に限るのであった。どの二つも互に隣接する四つの区域がある以上、それらを塗り別けるに四種の色を要する事は当然である。しかし、どの二つも互に隣接す

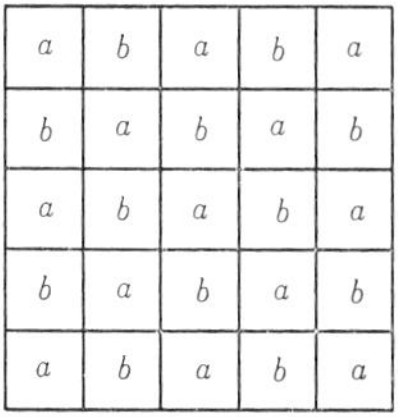

第77図

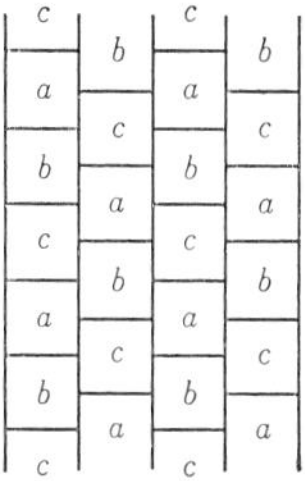

第78図

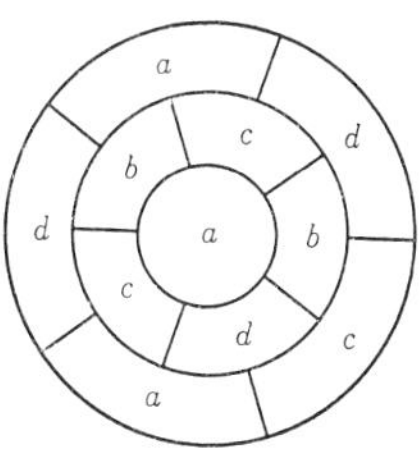

第79図

る五つ以上の区域は不可能であるから、色は四種だけで十分であろう、というのは、理屈らしい不理屈である。不理屈と言って悪いならば、不充分なる理屈である。その不充分なる理屈を、理屈として、押し通そうとするならば、それこそ不理屈であろう。このような不理屈を調伏することは、むつかしい。止むを得ないならば、毒を以て毒を制する手段がある。どの二つも互に隣接する区域が四つ以下に限るから、色は四種で十分であるというような議論が通るならば、つぎのような議論も通るであろう。もしも或る地図において、三つより多くの国が二つずつ接していないならば、その地図は三種の色で塗り別けられるというのである。ところが第79図は、そのような地図である。しかるにそれの塗り別けには、どうしても四種の色を要するではないか！

われわれは、大雑把な議論で、重大なる問題を解決したつもりになっていることはないであろうか。大いに反省すべきである。

ここで円環上の地図、連結度、オイラーの公式に関する挿話をする。円環というのは、立体の丸い環である。菓子のドーナツ、または船で見かける救命用の浮き輪、または、少し遠方だけれども、土星の環などを連想すれば、想像ができよう。精密に言えば、一つの円を、その平面上にあって、それに交わらない直線を軸として廻転せしめるときに生ずる立体が円環である。しかし、これから考察するのは、円環の表面であるから、中空の円環が、例のように伸縮自由なゴム膜で作られてあると想像するがよろしい。

球面と円環面とはその連結度において趣を異にする。球面上に一つの閉線を書けば、球面は必ず二つの部分に分割されるが、円環面ではそうは行かない。左の図(第80図)の閉線 a に沿うて鋏《はさみ》を入れても円環面は二つに切り離されないで、それを伸ばせば筒形になる。切り口 a が、筒形の両端になるのである。この筒形の両端を結ぶ線 b に沿うて再び鋏を

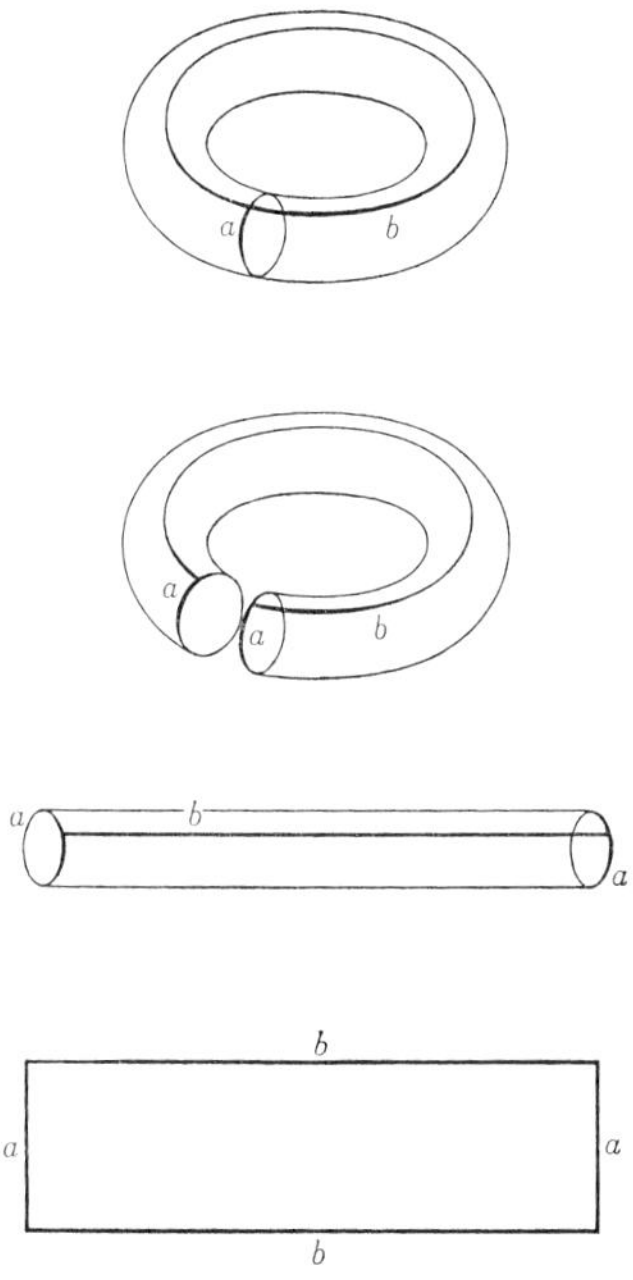

第80図

入れても、筒形は二つに切り離されないで、それを伸ばして平面上に張り付けると矩形ができる。筒形の両端の二つの境界線が一つの閉線になってしまうたのだが、今度鋏を入れれば、必ず、二つの部分に切り離される。筒形の切り口 b を元の円環の上に書けば第80図上のようになるが、このように円環面を切り離さないように、二度までは鋏が入れられるが、三度鋏を入れれば必ず切り離される。このことを、円環面の連結度は3であるという。

同じ意味で、球面や矩形の連結度は1、筒形の連結度は2である。

前の図で、円環面に二度鋏を入れたが、もしも始めに円環面上の閉線 b に沿うて鋏を入れたとすれば、やっぱり筒形になる。筒形を引き伸ばして平面上に張り付けると、平面

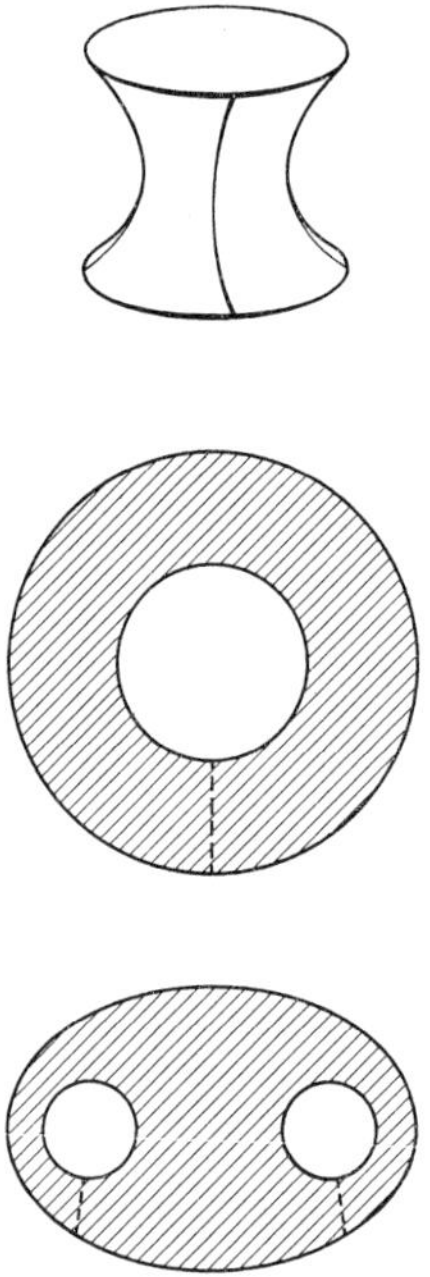

第81図

上の円環ができる。これも連結度2である(一度だけは、切り離さないように鋏が入れられる。第81図、点線のように)。もしも円の中に穴を二つ明けるならば、連結度は3になる。

円環上でも球面上と同じ意味で、隣組の問題が生ずる。すなわちどの二つも互に隣接する区域が、いくつまではできるかという問題である。このような区域の数は七である。円環上のこれらの七つの区域を分かりやすく紙面に書くことは、むつかしいが、つぎの図は一つの試案である(第82図)。まず矩形の紙片を取って、それを図のように区域に分ける。この紙片を巻いて左右の両端をくっつけて円筒にする。そうすれば、上の左右両端の区域1は継ぎ目の所で接続する。下の両端の1も同様である。また2と4と、7と5と、それから4と5とも、継ぎ目の所で接続する。今度は円筒を引き伸ばして、上下両端を継ぎ合わせて、円環面にする(例の通り紙は伸縮自在と想像することを要する)。そうすると、上下の1は一つになり、2と6、7、また7と3とも継ぎ目の所で接続することになって、結局1ないし7の七つの区域のどの二つも、どこかで隣接する。

これで、円環上の七人組の形相が、どうやら頭に浮ぶようだ

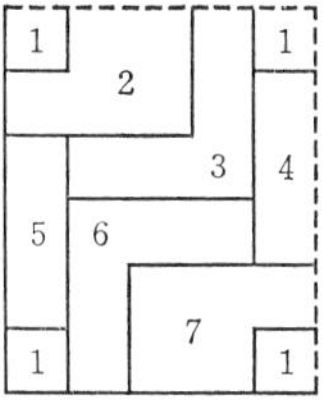

第82図

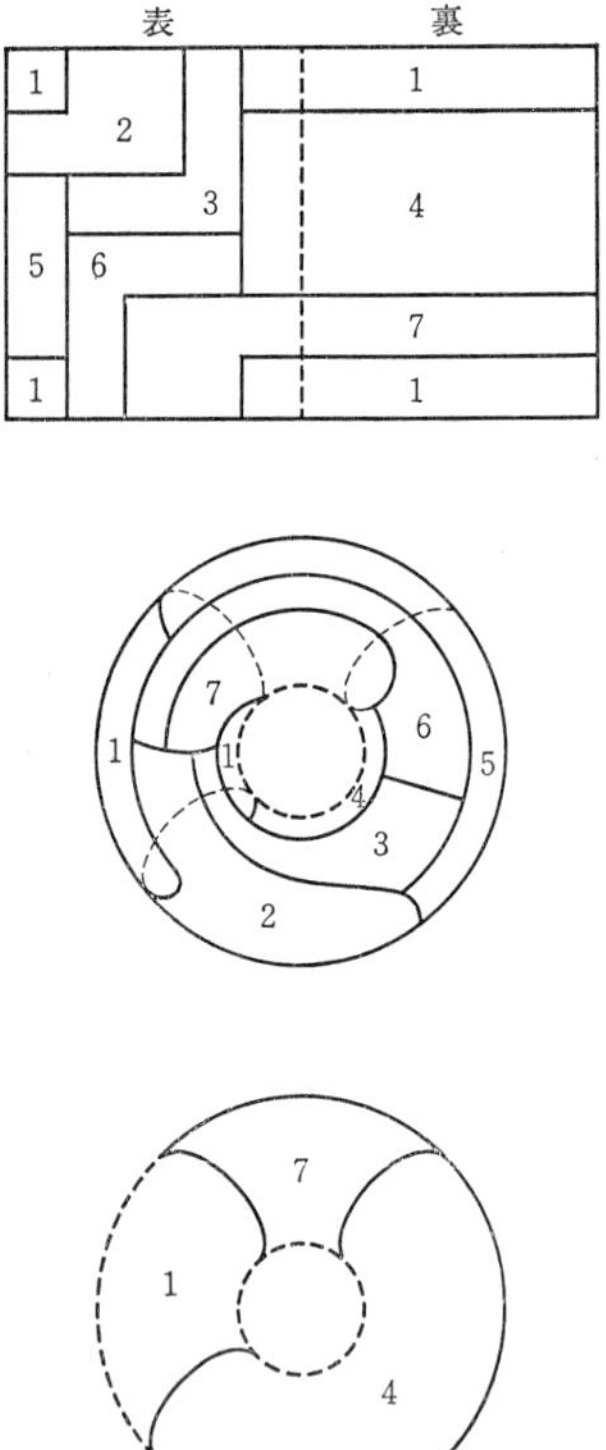

第83図

から、そのでき上りを書いてみよう。紙上に書くのだから、円環を横断して、七つの区域が図の表へ現われるようにすれば、右のようでもあろうか。区域1、4、7は裏側へ廻っている。裏側での境界は中の図では破線、下の図では太い線で示されている(第83図)。

円環上でも、地図の塗り別けの問題が生ずる。円環の面が、幾つかの区域に分れているとき、互に接する区域に違った色が着くようにするには、幾種の色が必要かつ十分であるかというのである。さて円環では、二つずつ互に接する七つの区域があったのだから、どうしても七種の色が必要であるが、ここに意外なことは、円環上では、地図の塗り別けは、七種の色があれば十分で、球面の場合の四色問題に相当する問題が、手やすく解決されてしまうことである。そこに興味を感じて、四色問題の側面観として、円環上の地図の塗り別けの問題を考察してみよう。

〔円環面上のオイラーの公式〕　円環面上の地図における区域の数を m、区域と区域との境界線の数を s、境界線の端なる境界点の数を t とする。t、s、m の意味は、前に球面(または多面体)に関して述べた点、線、面と同様である。さて、これら三つの数の間に

$$t+m=s$$

すなわち

$$t-s+m=0 \qquad (1)$$

なる関係がある。これが円環面上のオイラーの公式である。

球面上では、(1)式の右辺は0でなくて、2であった。前に述べた説明(四二頁)では、閉じた線は区域を包むということを論拠にしたが、円環面上では、それが成り立たない。例

えば第80図の閉線 a は区域を包まない。だから、球面上のオイラーの公式は、円環面上では成り立たないのである。それにもかかわらず $t-s+m$ という数が、いかなる線系においても一定であるという事実は円環面上でも成り立つ。ただし、その一定の数が、球面においては2であったのが、円環面では0になるのである。これが公式(1)の意味である。

一例として、第82図を取ってみよう。あそこでは、区域は七つであったから

$$m=7$$

である。さて境界点の数 t であるが、各区域が他の六つの区域に接するから、各区域の周上に六つの境界点があって、七つの区域では、合せて6×7すなわち42になるが、各境界点は三つの区域に属するから、境界点の実数は $\frac{42}{3}$ すなわち14である。したがって

$$t=14$$

つぎに境界線の数 s を見よう。各区域が六つの区域に接するから、その周が六つの境界線に分たれるが、各境界線は二つの区域に属するから、今度は6×7÷2すなわち21が境界線の総数で、

$$s=21$$

よって

$$t-s+m=14-21+7=0$$

になる。

これは一例にすぎない。公式(1)は、果して一般に成り立つであろうか。

まず小手調べとして、第84図のように、二つの穴を明けた平面を取ってみよう。その穴の明いた平面上に、第84図〔a〕のような地図を書いたとする。この地図で点、線、面の数 t、s、m を数えるのは、面倒だが、もしも穴を一つの面で張ってしまって、〔b〕のようにすれば、点の数 t、線の数 s には変りはなくて、ただ面の数 m が二つ殖えて $m+2$ になるだけだが、その場合、既知の、オイラーの公式(三八頁(1))によって

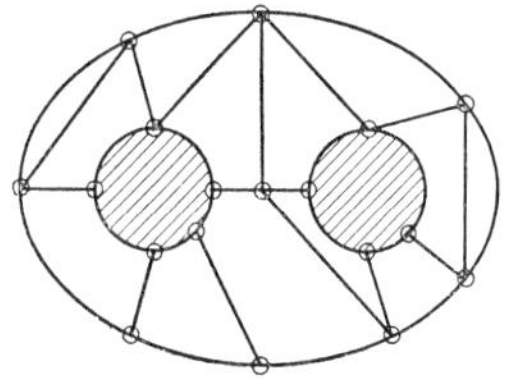

〔a〕

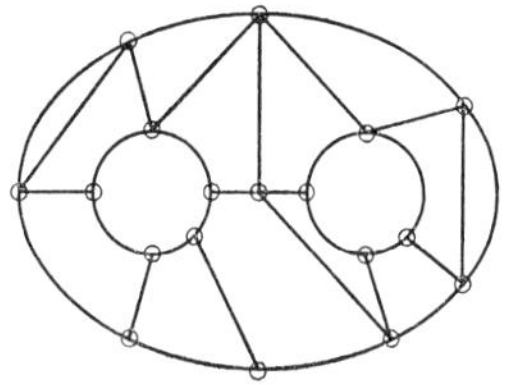

〔b〕

第84図

$$t-s+(m+2)=2$$

である。この等式の両辺から2を引けば

$$t-s+m=0$$

すなわち(1)と同様である(ただし m の中へは外周の外の無限区域をも数えている)。すなわちわれわれは連

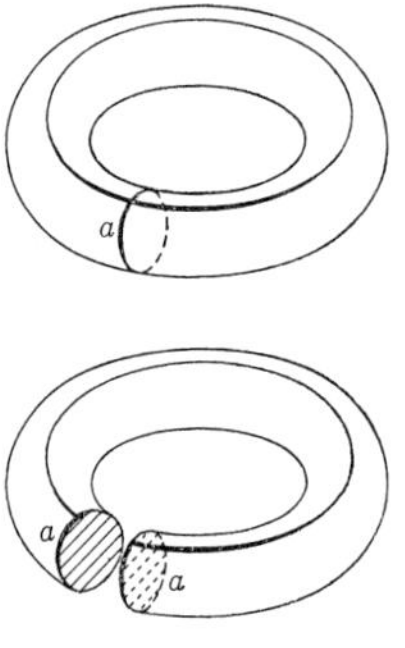

第85図

結度1の場合のオイラーの公式を利用して、連結度3の場合の公式を導き出したのである。このような狡猾な手法を、数学ではしばしば用いる。連結度1の場合の公式は、そのままでは、もちろん、連結度3の新体制に適用されない。けれども、それは旧体制の公式が、すべて廃物になってしまったというのではない。新しい酒が古い袋に盛れないのは、古い袋の活用法を知らないからではあるまいか。

さて、右の、いわゆる、狡猾なる手法が、円環面に適用されないであろうか。第85図のように、円環面上の閉線 a に沿うて鋏を入れるならば、両端の開いた筒形になるが、もしも、その両端を二つの面で、ふさいでしまえば、連結度は1になる。それを膨らませれば、球面にもなろうというものだ。面が二つ増加して、連結度が二つ減少する具合は、上記、第84図と同じようである(ドーナッツは連結度3だが、ソーセージは連結度1である)。

こういうイデオロギーを手掛りにして、円環上のオイラーの公式を導き出すことが、できないであろうか。

そこで、円環面上に地図が書かれてあるとして、そこへ大胆に横断線 a を入れてみる(第86図)。横断の結果として地図が一変されるのであるが、冷静に考察すれば、世界が滅茶滅茶になるのではない。まず元の境界線 PP'、QQ'、RR' 等々の中間に、新に境界点 p、q、r 等々が生じて、それらの各境界線が二分されて、旧境界 PP' が、新体制では Pp、pP' の二つになり、その上に新境界 pq、qr 等々が生じ、それらの新境界線のために、元の一区域 $PQQ'P'$ 等々が横断線 a の両側の二つの新区域 $pqQP$、$pqQ'P'$ 等々に分割される。いま横断線 a が、PP'、QQ'、RR'、……等々 e 個の旧境界線を横断したと仮定して、地図の変革すなわち t、s、m の変化の結果を清算してみよう。境界点に関しては、t の増加 e、区域に関しては m の増加同じく e、境界線に関しては、

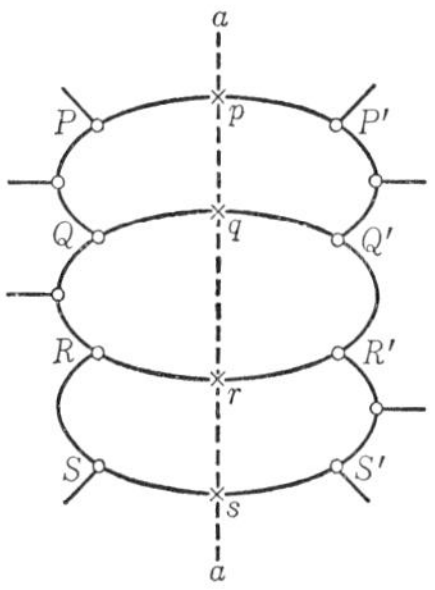

第86図

旧境界線の分割から生ずる増加 e と、横断線 a の上に生ずる新境界線の増加 e、合せて s の増加 $2e$ である。横断のために、t、m、s は増加したが、t、m の増加はおのおの e で、s の増加は $2e$ だから、

$$t-s+m$$

には変動はない。旧地図から新地図へ、地図が変って

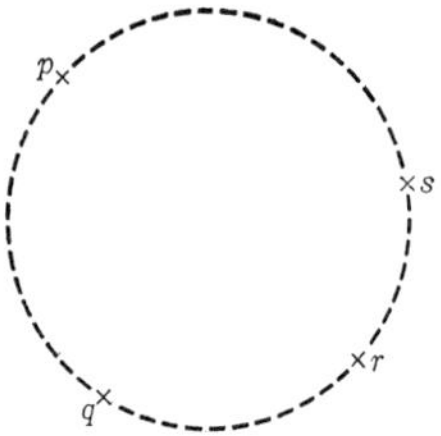

第87図(横断線 a)

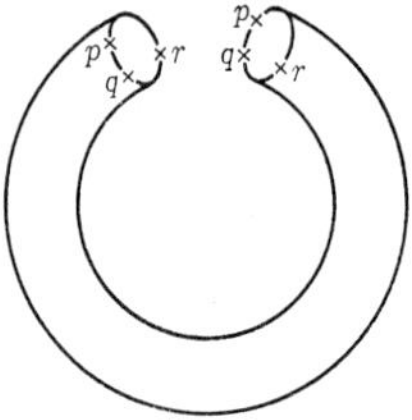

第88図

も、そこに変らないものがあるということが、重要なのだが、その一定不変なる大切なものが、$t-s+m$ といった式では、たよりないであろうから、仮にそれをオイラー数とでも名づけよう。すなわちオイラー数とは、境界点の数と国の数とを加え合せて、それから境界線の数を引いた残りである。そうすると円環面上の地図が横断線で変更されても、地図のオイラー数は一定不変であるということになる。

横断線は第86図のように、一つの国の境界をちょうど二つの点で切るであろうか。国の境界は複雑怪奇であり得るから、横断線が一つの国の境界線を幾たびも横切ったり、あるいはまた横断線が境界線の一部分と一致することはないであろうか。それはもちろんあり得るが、その場合には横断線を少し修正すればよい。すなわち横断線は一つの国に入ってから、その国を出るまでは、国内を通ることにすればよい。例のゴム膜の理想的伸縮性を利用すれば、第86図のようになるであろう。

そこで、地図の書いてある円環面を横断線 a に沿うて、本当に切ってしもうて、筒形にする。そうすると、各境界点 p、q、r 等々も、各境界線 pq、qr、……等々も、二つに別れてしまうから、筒形の上では、境界点の数 t も、境界線の数 s も、e だけ増加するが、区域の数 m は元の通りだから

$$t-s+m$$

すなわちいわゆるオイラー数は、筒形へ行っても、一定不変である。ところが、筒形の両端を二つの面で、ふさいでしまえば、t と s とは元のままで m だけが2だけ増すからオイラー数も2だけ増大する。その代り、閉じられた筒形は、球面と同じく連結度1であるから、オイラー数は2である。つまり、円環面上のオイラー数は、それが2増せば2になるような数である。だから、それは――0である。すなわち

$$t-s+m=0$$

ここの t、s、m は円環面上に与えられたる地図の t、s、m である。すなわち公式(1)が確定した。

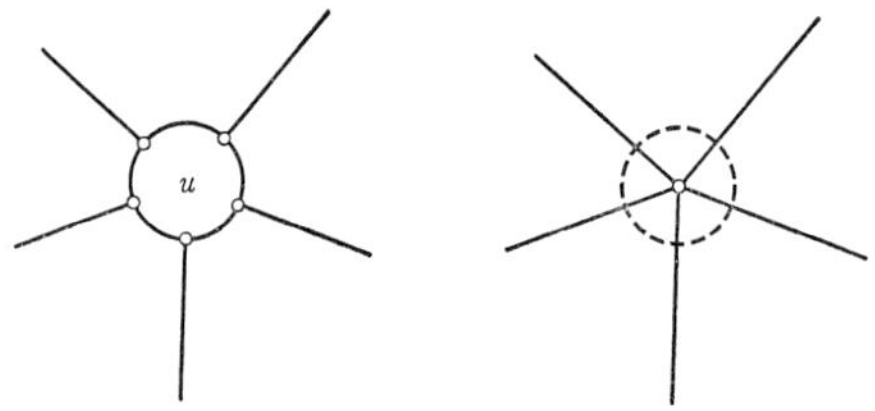

〔b〕　〔a〕

第89図

〔地図の標準化〕　話は円環上の地図の七色問題に返るのであるが、地図といっても、それは多種多様である。例えば、一つの境界点において、いくつの区域でもが、接し得るであろう。第89図〔a〕では、一つの境界点に五つの境界線が集まって、そこで五つの区域が接しているが、もしも、この境界点を含んで、一つの小国 u を建設するならば、境界点、境界線は増加するけれども、各境界点に集まる境界線は三つずつになる(第89図〔b〕)。そこで、もしも〔b〕の地図が七色で塗られるならば、u の外の周りの国々は、u と違った六色で塗られるから、元へ返って、u を消してしまえば、〔a〕の地図も大丈夫、七色で塗り別けられるであろう。だから、円環面上の随意の地図が、七色で塗り別けられることを論断するためには、各境界点に三つの境界線が集まるような特種の地図だけを考察すれば十分である。このような特種の地図を仮に標準地図と命名しよう。しからば、われわれに課せられる問題は、標準地図の七色塗り別けに帰する。このような、問題の変形(問題の簡易化)は、数学で常用の手法である。

標準地図では、t、s、mの間の関係が簡単になる。各境界点に三つずつの境界線が集まるのだから、t個の境界点から$3t$の境界線が出ているわけだが、各境界線はその両端なる二つの境界点に属するのだから、境界線の総数すなわちsは、$3t$の半分である。したがって

$$3t = 2s \tag{2}$$

しかるに、オイラーの公式

$$t - s + m = 0$$

から、$t = s - m$を得るから、(2)のtに代入して

$$3(s - m) = 2s$$

すなわち、

$$3s - 3m = 2s$$

すなわち、

$$s = 3m \tag{3}$$

すなわち、標準地図では、オイラーの公式よりも、簡明な公式(2)、(3)が成り立つ。例えば

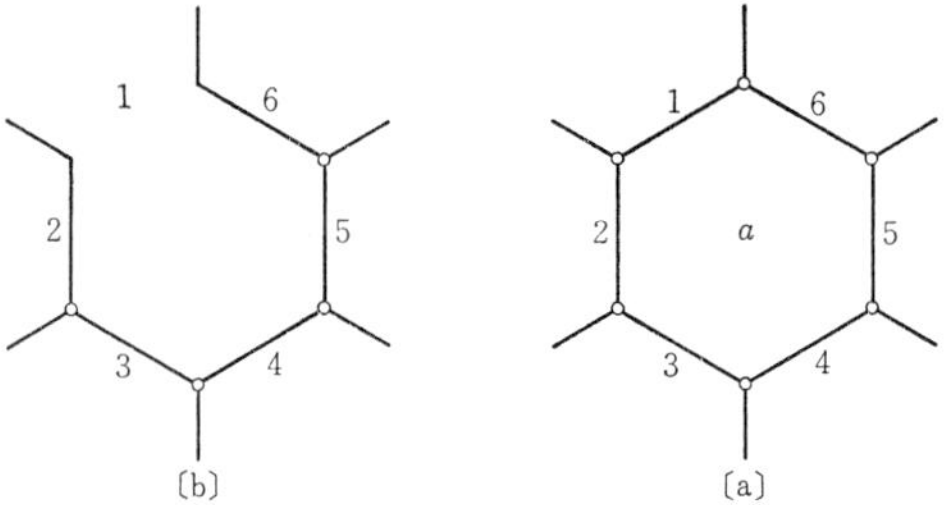

第90図

第82図の場合は標準地図になっているが、一一二頁に示したように、mは7、sは21で、ちょうど(3)の通り$21=3\times7$である。

上記の公式(3)から、つぎのことが分かる。それは標準地図では六辺以下の国(境界線が六つより多くない区域)が必ずあるということである。仮にm個の区域が、すべて七つ以上の境界線を有するとするならば、境界線の総数は少くとも$\frac{7m}{2}$であるはずで、それは(3)に矛盾する。

さて、いまaなる区域(第90図)が六つの境界線において、区域1、2、……、6に接するとする。その時もしも1に接する境界線を消してしまって、aを1に合併するならば、国が一つ少い標準地図が生ずる。もしもこの変更された地図が七色で塗り別けられるならば、1、2、……、6には高々六種の色が使われるのだから、元の地図へ返って、区域aを残りの一種の色に塗り変えればよい。aが六よりも少数の区域に接するならば，なおさら同様の論法が成り立つであろう。このように標準地図の着色は，国の一つ少い場合に引き直されるが，国が一つずつ減って，遂に七ケ国になってしまえば，もちろん七色で塗られるのだから，円環面上の七色問題は肯定的に解決されたのである。

上記のような論法は，いわゆる数学的帰納法で，数学でしばしば用いられる重要なる方法である。その要点を繰り返して言えば，まず n 国の場合に問題が解けるならば，$n+1$ 国の場合もよいことを一般に証明する。一般というのは，n がいかなる数であってもよいという意味である。さて七ケ国の場合 $(n=7)$ には，問題は解決されるから，八ケ国 $(n+1=8)$ でもよい。八ケ国 $(n=8)$ でもよいから，九ケ国 $(n+1=9)$ でもよい。九ケ国でもよいから，十ケ国でもよい。このように推して行けば，百国でも千国でも，幾万，幾億，国でもよいわけである。

理論的に問題が解決されたばかりでなく，着色の実行法が示されている。例えば十ケ国の（標準）地図が与えられてあるとする。その時，必ず六辺以下の国があるはずだから，それを捜し出して，前に述べたように，それを隣接国に合併して，九ケ国の地図を作る。それの地図から同様にして八ケ国の地図を作り，それからまた七ケ国の地図を作る。さてまずこの七ケ国の地図に着色して、それを塗り変えて八ケ国の地図に着色し、それを塗り変えて九ケ国の地図に着色し、またそれを塗り変えて元の十ケ国の地図の着色を完成するのである。——といっても、それは土星環上の地図の話であった。

円環上の地図が七色で塗り別けられるから、円環上では、どの二つもが互に隣接する区域の数は七以下である。前には(一〇九頁)実例によって円環上に、このような七つの区域があることを示したが、ここに至って、このような区域が七より多くは有り得ないことが確定したのである。

われわれは、土星環上の地図の着色問題を解決したが、問題の起りは球面上の地図であった。球面上の四色問題が解けていないというところに、われわれの関心があったのである。

他山の石ということがある。円環面上の七色問題を参考にして、球面上の四色問題が何とかならないであろうか。円環面上では、オイラーの公式

$$t+m=s$$

を駆使して、標準地図に六辺以下の区域の存在を導き出したのであった。球面上で、その真似をしてみるならば、球面上の標準地図($3t=2s$)において、球面上のオイラーの公式

$$t+m=s+2$$

から

したがって　$\frac{2s}{3}+m=s+2$

したがって　$m=\frac{1}{3}s+2$

したがって

$$3m=s+6 \qquad (4)$$

を得る。円環面では$3m=s$であった(一一九頁)のに、球面上では、このように右辺に$+6$が、くっ付いて、邪魔をするのである。ともかくも、右の公式(4)によって、球面上の標準地図には、五辺以下の国が必ずあることは分かる。m国がすべて六辺以上だと、辺の総数sは少くとも$6m/2$すなわち$3m$であるべきはずであるが、(4)によれば$s<3m$だから、それはいけない。このように、球面上の標準地図には、必ず五辺以下の国があるから、前のような論法で到達される結論は、球面上の地図は五種の色があれば、大丈夫、塗り別けられる、ということである。

前のような論法とは言うものの、まったく同じではない。円環面上の標準地図には六辺

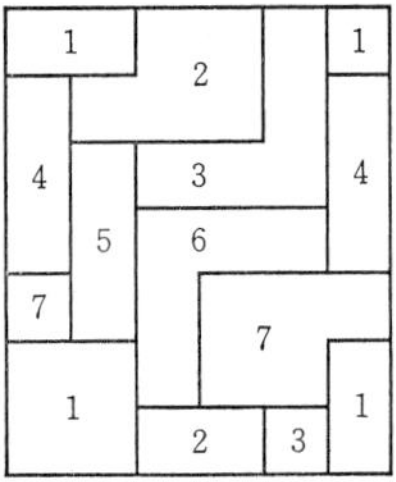

第91図

以下の国があって、色は七種が与えられたから、贅沢ができたのであるが、球面上では、五辺以下の国はあっても、色はなるべくならば四種という注文だから、ぜいたくはできない。そこででき得るだけの節約をするつもりで、少しく緊張してやってみると、五色ならば十分ということになったのである。

しかし、五色ではわれわれの目標を距《へだた》ること甚大である。四色問題はわれわれの努力を嘲弄する。

誤解のないように再び言えば、地図は仮託であった。実際の政治地図には飛び地がある。すなわち離れ離れの区域が一つの国となって、それらが交錯することがある。徳川時代の大小名の釆地、または旧ドイツ連邦の小さな公国など、その例である。われわれが四色問題で国と仮称したのは、繋った一区域の意味である。指定された多くの区域を、同じ色で塗ることが要求されるならば、もちろん四色では足らない場合が生ずる。例えば、第91図では、ぜひとも七色を要する。

十五の駒遊び

四角な小箱に、1から16まで番号の付いた駒が並べてある。16番の駒を箱から出してしまうと、空所が生ずるから、そこへ隣りの駒をずらして入れることができる。そのようにして十五の駒の位置が変えられる。さて始めに十五の駒を任意の順序に入れておいて、駒を左右または上下にずらして、正しい順序(第92図のような排列)にすることができるであろうか。

1	2	3	4
5	6	7	8
9	10	11	12
13	14	15	

第92図

この遊戯は、アメリカ人某が一八七八年に考え出して、それから数年間、欧米各国で流行を極めたということである。その頃、日本へも輸入されたものと見えて、筆者も明治十何年であったか、東京土産に、この玩具をもらったことを記憶している。智恵の何とかと、箱の蓋に書いてあったように覚えている。いまは忘れられてしまったこの遊戯に、読者は興味を持たないであろう。しかし、一時は熱病のように流行したこの遊戯が、頓《にわか》に忘れられたのは、それが数学的に解かれてしまったからである、ということである。数学が遊戯を亡ぼしたのは、その罪軽からずである。その贖いに、何故にこの遊戯が亡びなければならなかったか、それを弁解しようと思うのである。

遊戯の方法は、すでに述べた。さて十五の駒をいろいろの順序に箱の中へ入れる仕方は、いく通りあるか。それは15! であるが、この記号！は危険信号を見たようで、馬鹿にならないことは、前(九頁)にも述べたが、実際

15! = 1307674368000

すなわち、約一兆である。だから、時間を持て余している人が、この遊戯で、それを、すなわち時間を、潰す決心をするならば、それは有望である。

さて、十五の駒が或る順序に箱に入れられたとして、それを正しい順序に直すべく、われわれは試行をするのだが、無計画の試行は有望でないから、試行を始める前に、でき得る限り考慮をすべきであろう。

まず、空所を盤上、任意の位置へ移すことはできる。空所の隣(左、右または上、下)の

駒をずらして空所へ入れれば、空所は、隣へ移るから。

だから、指定された一つの駒を、指定された一つの位置へ移すことができる。なぜなら、指定された駒の隣へ空所を持って来て、その駒を空所へ入れれば、駒は隣へ移るから、隣りから隣りへと移動して、遂に、指定の位置へ行き着くであろう。

この方法によって、1の駒が始めどこにあったとしても、それを正しい位置に移すことができる。

1の駒が正しい位置に据わったとして、今度は、1の駒を動かさないで、2の駒を正しい位置に持って来ることができる。なぜなら、もしも2の駒が、第二列にないならば(列というのは上下の筋で、列の番号は左から数える、また行というのは左右の筋で、行の番号は上から数えることに約束する)2の駒を第二列へ持って来ることはできるが、そのとき第一列をば使わないで(第一列以外の十二の位置だけの範囲内で——もちろん空所もその範囲内へ移して)2の駒を正しい位置に移すことができる。それは、1の駒を正しい位置に移したのと同様の方法でできる。

同様の方法で、1、2の駒に触れないで、3の駒を正しい位置に移すことはできるが、そのとき、1、2、3の駒を動かさないで、4の駒を正しい位置へ入れることはできない。

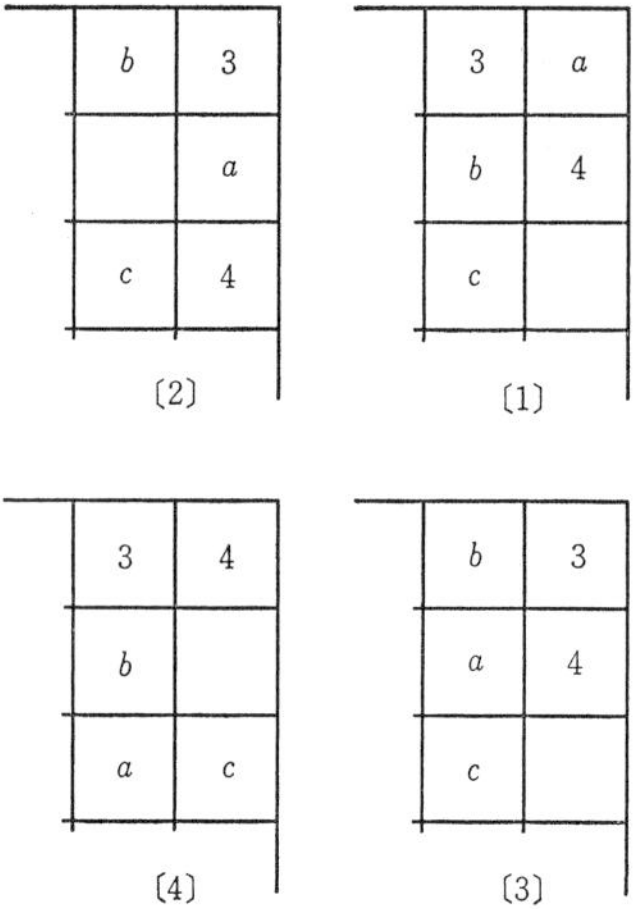

第 93 図

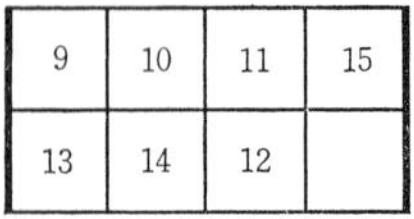

第 94 図

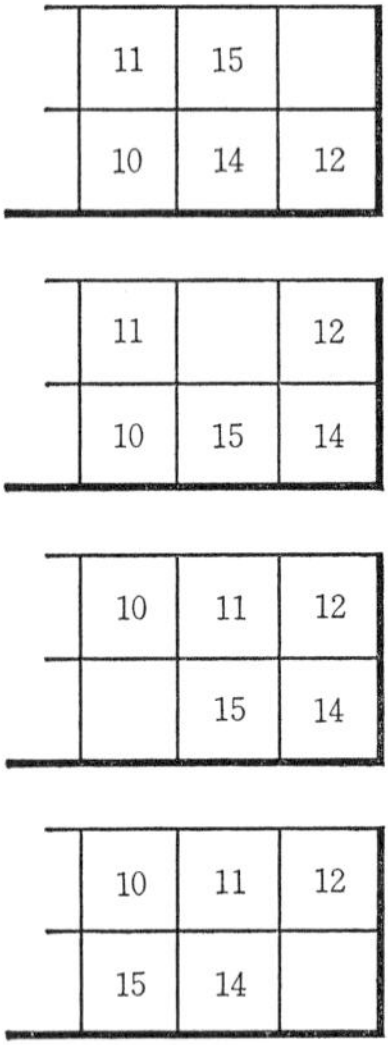

第 95 図

それは第四列が右の端であって、上記の工作をする余地がないからである。しかし、4の駒を8の位置(第92図)に持って来ることはできる。そうしておいて、今度は第三列、第四列だけを使って、3、4の駒を正しい位置に入れることを試みる。

その際、空所は第93図〔1〕に示す位置にあるとしてよい。そこへ空所を持って来ることはできる(空所はb、またはcの所にあってても同じことである)。まず図の五つの駒を右廻りに順送りにずらして、〔2〕のようにする。次にaを左へずらして、その跡へ4を入れると、〔3〕のようになる。これで3、4の駒が第四列で上下に並んだから、五つの駒を前とは反対の方向(左廻り)に順送りにずらせば〔4〕のように、3、4の駒が正しい位置へ来る。もしもcをも上げれば、空所も始めの所へ来る。

これで第一行はできた。今度は第二行以下において、同様の方法で5、6、7、8の駒を正しい位置に移す。そのとき7、8の駒を入れるには、前に3、4の駒を入れたときと同じ方法を第三列、第四列の下の三行で行うのである。第三行以下では、この工作はできないが、縦と横とを換えてすれば、9、13の駒、次に10、14の駒が正しい位置に入れられる。そうすると、11、12、15の駒が右の隅の四つの場所に残るが、それらを順送りにずらせば11の駒を正しい位置に持って来ることができる。そのとき同時に12、15の駒が正しい

1	2	3	4
5	6	7	8
9	10	11	12
13	15	14	

第96図

位置に来ればよいが、あるいは第94図のようになることもあって、12、15の二つの駒の位置が入り代りになる。もっとも次のような手順で(第95図)14と15とだけが入れ代った形にもなる(第96図)。これは九仞《きゅうじん》の功《こう》を一簣《いっき》に虧《か》くというものだが、ともかく、われわれは駒が始めに、どのような順序に排列されてあったとしても、それを正しい順序または第96図のような形——仮にそれを畸形といおう——に直すことができる、というところまでは、漕ぎ付けたのである。

× × ×

われわれが畸形といった排列を正しい順序に直すことは、どうしてもできない。それは不可能である。この遊戯が数学で解かれたというのは、この不可能の証明ができるからである。或る排列が第96図の形に直されたときに、それを正しい順序に直すことが、むつかしい問題であるとして、そのような排列が懸賞問題として提出せられたことがあったそうだが、そのために幾人が無駄な骨折をしたことであろうか。

右に言った不可能の証明は、少量の忍耐をもって理解することができよう。いくつかの物が、或る順序に並べられてあるとき、それを、それらの物の一つの順列という。説明の便宜上、与えられたるそれらの物に番号を付ける。例えば十五の駒が1から15までの番号によって標識されるが如くである。さて、それらの物の一つの順列において、順序の狂いがあるとする。それは大きい番号が先にあって、小さい番号が後にあるのであるが、簡単のために、それを転倒という。一つの順列の中にあるすべての転倒を数えて、それが偶数であるか、奇数であるかに従って、順列を偶の順列、奇の順列の二種類に分ける。自然の順序すなわち正しい順序も一つの順列であるが、それには転倒はない、転倒の数は0である。0も偶数の中へ入れて、それを偶順列とする。

以上、二、三の術語の意味を述べた。順列、転倒、偶順列、奇順列。漢字の用いざまは不束《ふつつか》かも知れないが、要するに、われわれの間だけの合い言葉にすぎないから、我慢をしよう。ただし、合い言葉の実質的の意味は厳重に守られなければならない。

さて、遊戯の中途に生ずる十五の駒の排列を、左から右へ、上から下への順に、空所は飛ばして、一直線に並べて書くならば、そこに一つの順列が生ずる。例えば第97図の排列を、順列

7	3	2	9
11		1	5
4	15	6	13
10	12	14	8

第 97 図

として書けば、つぎのようになる。その中の転倒を上から順に数えて行けば(*)のようになる。

7, 3, 2, 9, 11, 1, 5, 4, 15, 6, 13, 10, 12, 14, 8

6+2+1+5 +6+0+1+0 +6+0 +3 +1 +1 +1+0 (*)

すなわちまず7より小さい六つの番号が、7より後にあるから、7から生ずる転倒の数が6、つぎに3より生ずる転倒の数が2、等々である。転倒の総数が奇数か偶数かを知るには、これらの中に奇数がいくつあるかを見ればよいが、奇数は七つあるから、この順列は奇の順列である。また例えば第96図のいわゆる畸形排列では、転倒は15から生ずる一つだけだから、これも奇の順列である。

さて遊戯の規定に従って、駒をずらすとき、順列の種類にいかなる影響があるかを見よう。まず駒を左右にずらすときには、何の変りもない。駒を上または下へずらすときは、少し複雑である。例えば第98図のように、d の駒をその上の空所へずらせば、始めの順列の $\times abcd\times\times$ のところが、後の順列では $\times dabc\times\times$ になる。すなわち d が三つの駒 a、b、c を飛び越すのである。このために生ずる転倒の数の変化を、らくに見るには、つぎのように始めの順列(1)と後の順列(4)との間へ(2)、(3)を入れて、考えるがよい。(1)

のdがcと入れ換って(2)を生じ、(2)のdがbと入れ換って(3)が生じ、(3)のdがaと入れ換って(4)が生ずる。すなわちdが一度にa、b、cを飛び越す代りに、c、b、aを一つずつ三回に飛び越すのである。もちろん(2)、(3)のような順列が盤面に生ずるのではない。われわれはただ(1)と(4)との間における転倒の数を比較するために、仲介として(2)、(3)を用いるのである。さて、一つの順列において、隣接する二つの番号だけが交互に入れ換るならば、新に一つの転倒が生ずるか、あるいは始めにあった一つの転倒が消滅するだけで、その他に変りはない。すなわち転倒数の増減は1だから、奇順列は偶順列に変じ、偶順列は奇順列に変ずる。(1)から(2)、(2)から(3)、(3)から(4)へと三たび移るごとに、順列の種類が変ずるから、(1)と(4)とでは順列の種類が違う。つまり一つの駒を上の空所へずらすとき、順列の種類が変ずるのである。一つの駒を下の空所へずらすときも同様である。――それは第98図で下から上へ移ることにほかならない。

×		a	b
c	d	×	×

×	d	a	b
c		×	×

(1)　×　a　b　c　d　×　×
(2)　×　a　b　d　c　×　×
(3)　×　a　d　b　c　×　×
(4)　×　d　a　b　c　×　×

第98図

さて、十五の駒を或る順序に並べて遊戯を始めるとする。もちろん始めには、空所を16の位置すなわち盤面の右の下の隅に置くのである。さて幾回でも駒をずらして、再び空所を16の位置に持って来たとする。その間に空所は上へ移った回数だけは、下へ移ったに相違ないから、順列の種類は偶数回変じたに相違ない。したがって始めも終りも同種類でなければならない。ここが大切なる論点である。始めに駒がどのように排列されてあったとしても、それを正しい順序あるいは畸形の順序にすることのできることは、すでに述べたが、もしも、始めの排列が奇順列であるならば、それは決して正しい順序(偶順列)にはなり得ない。遊戯の結果は、予言することができる。偶順列ならば、正しい順序になるが、奇順列ならば、畸形にしかならない。

なお一般的に言えば、空所を定位に置くことを厳守する限り、任意の順列を同種類の任意の順列に直すことができる。なぜなら――偶の順列を正しい順序に直すことができるから、逆に正しい順序を任意の偶の順列に直すこともできる。そこでいまP、Qを二つの偶の順列とすれば、Pを正しい順序に直して、その正しい順序をQに直せば、結局PがQに直される。P、Qが奇の順列ならば、畸形排列を通過して同じようにすればよい。

奇順列と偶順列とは同数だけある。――いま仮に15! の順列を奇偶の両種類に分けたと想像して各順列において二つの番号例えば1と2とを入れ換えたと考えよう。そうすれば奇順列はすべて偶順列に変じ、偶順列はすべて奇順列に変ずるから、奇順列は少くとも偶順列だけあり、また偶順列は少くとも奇順列だけある。二つの数があって、甲は乙よりも大ならず、乙は甲よりも大ならず、というとき、甲と乙とは等しからざるを得ないであろう。

×　×　×

この遊戯において盤面を16所にすることには、何ら特別の意味はない。また縦と横とを同数にしなくとも、少くとも二行以上、二列以上の矩形ならば、結論は同じことである。上記の説明の筋道を思い返してみれば分かるであろう。遊戯の興味が順列論によって打ち毀わされたゆえんである。

これは余談であるが、遊戯の終局において、空所を正当の位置(右の下の隅)に置くという規定は大切である。もしも、終局において空所の位置を任置に取ってよいとするならば、問題は変ずる。例えば畸形排列でも、それをつぎのように直すことはできる(第99図)。その代りに、正しい順序を、この形に直すことはできない。なぜなら——いま第99図の排列を、規定の正しい順序にするために、例えば盤面の上辺、右辺の駒をずらして、空所を右

	1	2	3
4	5	6	7
8	9	10	11
12	13	14	15

第99図

1	2	3	7
4	5	6	11
8	9	10	15
12	13	14	

第100図

の下隅に持って来るならば、上の形になる（第100図）。ここで転倒は7、11、15から生ずる、三つずつ、合せて九つだから、これは奇順列である。したがってそれを畸形排列にすることができる。それを逆の順序に行えば、畸形排列が第100図のようになり、それからまた前とは逆に、駒をずらせば、第99図のようになるのである。

× × ×

これも余談であるが――第101図〔1〕が奇順列であるとする。×の所にいた男が、それを横から見て、同図〔2〕のようにして、それを同図〔3〕のように直して、奇順列を正しい順序にしたと、誇らかに言うたとする。だまされてはいけない、第101図〔3〕は、それを規定通りに直せば、例えば、同図〔4〕のようになる。転倒を数えてみると、これは奇順列であることが分かる。奇順列が奇順列になったのだから、不思議ではない。

しかし、第101図〔1〕の××または＊にいる人が、この真似をするならば、失敗するであろ

4	8	12	15
3	7	11	14
2	6	10	13
1	5	9	

〔4〕

a	b	c	d
e	f	g	h
i	j	k	l
m	n	o	

〔1〕

13	9	5	1
14	10	6	2
15	11	7	3
	12	8	4

〔5〕

a	b	c	
e	f	g	d
i	j	k	h
m	n	o	l

〔2〕

	15	14	13
12	11	10	9
8	7	6	5
4	3	2	1

〔6〕

4	8	12	
3	7	11	15
2	6	10	14
1	5	9	13

〔3〕

第101図

う。〔5〕、〔6〕の排列は、空位を正しい位置に直せば、偶順列になるからである。

余談の三。6と9とは見誤りやすい数字である。畸形排列から正しい順序に達したつもりであったが、6と9とが入れ換っていた。駒をずらさないで、さかさまにすれば、6は9になり、9は6になって、ちょうどよいのだから、勘弁してくれという。——もちろん勘弁はなるまい。どの駒でも二つの駒の入れ換えが許されるならば、奇偶順列の差別は消滅する。特に6と9とを取り立てて、人情に訴えるのは悪質である。それは畸形排列に達して、14と15とを入れ換えようというのと、本質的には同じ言い分である。

魔方陣

一つの平方を碁盤の目のように九つに分けて、そこへ1から9までの整数が、つぎのように(第102図)書き入れてある。この図において、三つの行(横筋)、三つの列(縦筋)および二つの対角線に並んでいる三つの数を加えてみると、その和はみな15になる。

こういうものを魔方陣という。和算では、おそらくはシナ伝来の称呼であろうが、単に方陣といった。西洋では魔四角(magic square)という。マジックを魔というのは、いささか強すぎるかも知れないが、音の似たところを取って、折衷して魔方陣といえば、名称の古めかしいところが骨董物にふさわしいであろう。

魔方陣は九目に限らない。第103図は十六目の魔方陣である。ここでは各行、各列、各対角線の四つの数の和は、みな34である。すなわち1から16までの整数の和136の四分の一である。魔方陣における、このような一定の和を仮に魔方陣の定数と名づける。

6	1	8
7	5	3
2	9	4

第 102 図

16	3	2	13
5	10	11	8
9	6	7	12
4	15	14	1

第 103 図

魔方陣の起源は、明らかでないがシナやインドでは、古くから知られていたようである。ヨーロッパへは、アラビヤ人が比較的晩く伝えたらしい。とにかく、ヨーロッパでは十六世紀より前には、魔方陣の記録がなくて、現今知られているもっとも古い記録は一五一四年のデューラー(Albrecht Dürer)の憂鬱(Melancolia)と題する銅版画であろうと言われている。その画の中に、副景として尺度や、コンパスや、天秤や、球や、正多面体やに雑って、十六目の魔方陣が画かれている。それは第103図の魔方陣で、その下方の中央に並んだ二つの数15、14が、特に太く書かれて、製作の年次一五一四年が暗示されているそうである。

インド・アラビヤ・ヨーロッパ系統では、魔方陣は、その始め、神秘的なものと考えられたようである。また迷信の対象として、星占術にも関係し、特に護符として流布したらしい。近年でも、インドの少女が九目の魔方陣を銀板に彫刻したものを護符として身に着けているのを目撃したという、旅行者の報告もある。

十七世紀に入ってからは、魔方陣は次第に魔力を失って、学者の好奇心の対象として、わずかに命脈を保った。フランスの数学者某は十六目の魔方陣八百八十種の「巨大なる表」を作ったという。そのように大量生産のできる魔方陣は護符にもなるまい。

1	2	3	4	5
6	7	8	9	10
11	12	13	14	15
16	17	18	19	20
21	22	23	24	25

第104図

	*	**		
		*	**	
			*	**
**				*
*	**			

第105図

現今では、魔方陣は、学者の好奇心をそそる魅力をさえも失った。$n \times n$ 目の魔方陣が、自由に作られるようになったからである。しかし、神秘を軽蔑するためには、自ら神秘を征服せねばならない。科学に対する他力信心は、迷信を距《へだた》ること遠くない。こういう考えから、魔方陣の征服を試みよう。魔方陣その物は、くだらないものだが、魔方陣製作法の中には、学問上の興味が若干ある。

まず一例として五次の方陣を取る。すなわち平方の縦も横も五等分されているのである。その目の中へ、第104図のように、左の上から順に1、2、3、……、25を書き入れる。これは平凡だが、この平凡なる自然方陣の中に、すでに魔性が潜んでいる。いまそれを暴露しよう。

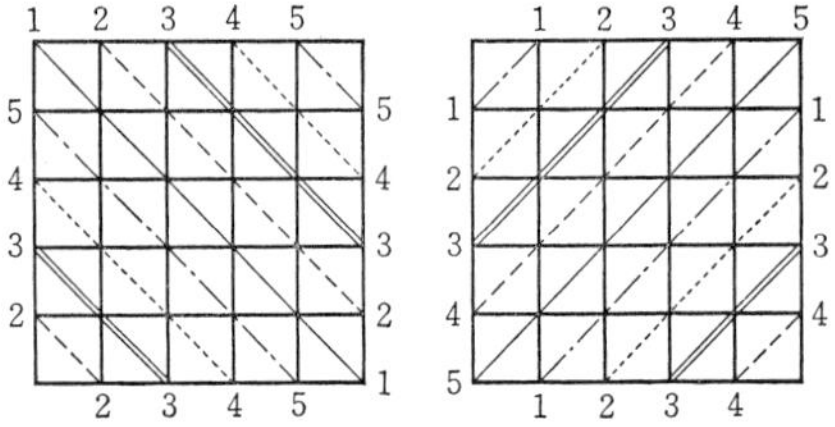

第106図

平方の二つの対角線の中で左上から右下へのを左対角線、また右上から左下へのを右対角線と名づける。左対角線上の目の右隣りの目を上から辿って行くと、四つで右端に行き詰まるが、左端最下の一目を付け足して、その五目をやっぱり一つの対角線と見る。第105図に＊の付けてある五目がそれである。対角線という言葉に躓《つまず》いてはいけない。われわれはいまそれを対角線と同じように取り扱おうというのにすぎない。例の合い言葉である。もしも平方の右端を左端に貼り付けて筒のようにするならば、五つの＊印の目は、繋がって本当の対角線と同じようになるであろう。床屋の看板のあめん棒を連想するとよい。

同じように、この＊印の対角線の右隣りの目を上から辿ると三つで右端に行き詰まるが、それに左の端の四番目から対角線に平行に二つの目を付け足して、それらをも一つの対角線とする(第105図、＊＊印)。このようにして、本当の対角線と合せて左組の五つの対角線が生ずる(第106図左)。前に言うたように平方の右左の両端を貼り付けて筒形にすれば、これらが円筒上で、互に平行した同等の斜線になるであろう。

同じようにして右対角線に平行する、右組の五つの対角線ができる(第106図右)。

さて第104図に返って、左組の各対角線上にある五つずつの数を加えてみよう。まず第一番の対角線の上の五つの数の和は

$$1+7+13+19+25=65$$

である。二番目の対角線上の五つは2、8、14、20、21であるが、それらを第一番の対角線の1、7、13、19、25と比較すると、始めの四つは1ずつ大きいが、最後の21だけは、25より四目左にあるから、4だけ小さい。したがって和においては、増すこと4、減ること4で差し引き、増減なしである。

同じように、三番目の対角線上の数を二番目の対角線上の同位の数と比較すると、始めの三つと終りの一つとは1ずつ大きいが、四番目だけは左へ四目ずれているから、4だけ小さい。したがってその和はやっぱり同じである。四番、五番の対角線に関しても同様である。すなわち左組の五つの対角線上の数の和は、みな相等しく、すなわち65である。

したがって1から25までの二十五の数の総和は65×5である。

さて右組の対角線を考える。今度も本当の対角線から始めて、次々に左隣りの対角線へ

1	2	3	4	5
6	7	8	9	10
11	12	13	14	15
16	17	18	19	20
21	22	23	24	25

第107図

移って行けば、和はみな同じであることが分かる(今度は五つの数の中、四つは左隣へ行って1ずつ減じ、一つだけが右へ飛んで4だけ増すから、やっぱり増減なしである)。したがって各和は全体の総和の五分の一、すなわち65×5の五分の一だからやっぱり65に等しい。

すなわち左組と右組と合せて十本の対角線上の五つの数の和は、みな同じく、65に等しい。この65は1から25までの数の総和の五分の一、したがって五次魔方陣の定数である。

以上は平方の目数の如何にかかわらず、必ず成立する法則である。

さて目数が奇数であるときには、行および列に中央のものがある。五次の場合には、第三行および第三列がそれであるが、その行および列に並ぶ五つの数の和はやっぱり定数65に等しい。それは当然であろう。第三列の数を上から順に見て行くと、いつでもそれは左対角線と右対角線とにおける同位の二数の平均(相加平均)に等しいから。第三行の数を左から順に見ても同様。

われわれの自然方陣において発見された五つずつ二組の対角線と中央行、中央列と、合

自然	魔方
中央行	左対角線
中央列	右対角線
左組対角線	列
右組対角線	行

11				3
	12		8	
		13		
	18	×	14	
23	*			15

第108図

せて十二の線は、すでに魔方陣の五行、五列と二つの対角線と合せて十二の線に拮抗する。われわれの手品は明朗で、ただ平方形を円筒に変形して、飴棒式に、見えない対角線を見えるようにしただけである。

さて、われわれの得た資料によって、実際魔方陣を作ってみよう。そのためには、自然方陣の中央行と中央列とが、魔方陣の左と右との対角線になると同時に、自然方陣の左組右組の対角線が、魔方陣の列と行とになるようにすればよい。

この計画に従って、まず自然方陣の中央行、中央列の数を、そのまま魔方陣の対角線へ書き入れる(第108図)。

これを基準として、すべての数の位置が決定されることは見やすい。自然方陣の一つの数を通る対角線は左組と右組とに一つずつあるが、これらは中央行、中央列の或る数を通過する。例えば1は13を通る左組対角線と、14、18を通る右組対角線との交叉点にある(第107図)。だからわれわれの計画に従えば、魔

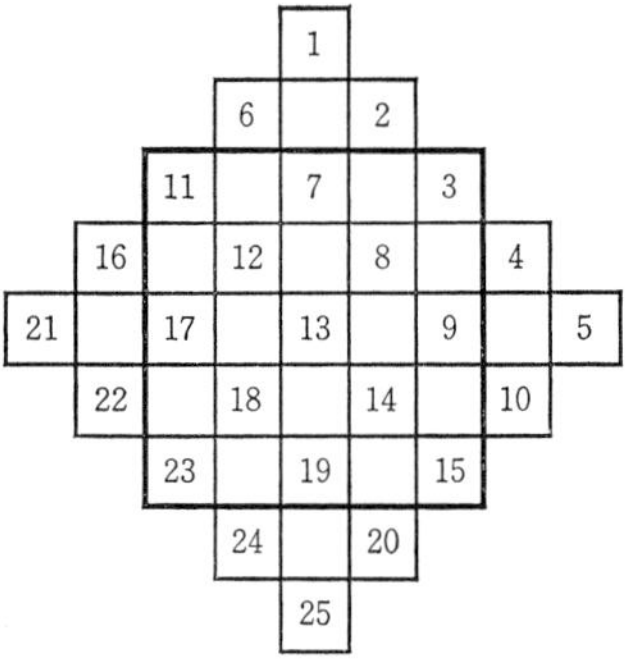

第109図

方陣における1の位置は、13のある列と14、18のある行との交叉点、すなわち第108図の×印の所にあることを要する。また例えば、6は自然方陣では、12(および18)を通る左組対角線と15(および23)を通る右組対角線の上にあるから、魔方陣では、12(および18)の列と15(および23)の行との交叉点、すなわち＊の所にあることを要する。このようにして1から25までの数の位置が計画の通りに定められて、魔方陣ができ上るのである。その魔方陣を見やすく作るにはつぎのようにするがよい。

まず第109図のように、自然方陣を斜に書いて、中央に太い線で示した二十五目の方形を取る。この方形が魔方陣の輪郭である。この方形の上下左右にはみ出した部分をそのまま、ずらして方陣の中へ入れる。すなわち上の突出部(1、6、2)は方陣内の下部の空所(19の隣)へ、また下の突出部(24、20、25)は方陣内の上部の空所(7の隣)へ、同様に左の突出部は方陣内の右側の空所へ、右の突出部は方陣内の左側の空所へ入れる。そうすると第

110図の魔方陣ができ上る。

これは前に述べた方法を器械的に実行したのにすぎない。またこの方法を理解した上は、第109図の助を借りないで、直に第110図を書くこともできよう。すなわち1の位置から始めて斜に自然の順序で2、3、4、……、25を書き入れるのである。ただし方形の下端で行き詰まれば、上端へ、また右辺で行き詰まれば左辺へ(例の飴棒式に)続けて行くのである。

11	24	7	20	3
4	12	25	8	16
17	5	13	21	9
10	18	1	14	22
23	6	19	2	15

第110図

1	2	3	4
5	6	7	8
9	10	11	12
13	14	15	16

第111図

同様の方法によって、任意に奇数目の魔方陣が作られる。

奇数方陣の場合、自然方陣の中央行、中央列を対角線として魔方陣を作った方法は、偶数方陣には適用されない。しかるに、われわれはちょうど反対の手法によって偶数方陣を作ることができる。というのは、自然方陣の両対角線を、そのまま魔方陣の対角線にあてて、行と列とを調節するのである。まず、もっとも簡単なる四方陣を例に取る(第111図)。

この自然方陣において、第一列と第四列とを、上から見て行くと、同位にある数(同じ行にある数)の差はつねに3であるから、和においては、差は3の4倍すなわち12になる。よっていま第一列と第四列とにおいて、同位の数二組を互に交換するならば、第一列の和は6だけ増し、第四列の和は6だけ減じて、ちょうど等しくなる。第二列と第三列とに関しても同様である。さて、元の第一列と第二列とでは、和は4だけ違うが、交換後には第一列の和は6だけ増し、第二列の和は2だけ増すから、交換後には、第一列の和と第二列の和と、したがって各列の和が、みな等しくなる。

行に関してもまったく同様で、第一行と第四行との間、および第二行と第三行との間において、同位の数二組ずつを交換すれば、各行の和が、みな等しくなる。

さて、われわれは自然方陣の対角線にある数には触れないつもりであったから、第一行と第四行との間で交換すべき二組の数は(2, 3)と(14, 15)とであるが、それらを筋違いに交換すれば、第二列と第三列との間の交換が同時に都合よく行われる。第二行と第三行との間でも同様に(5, 8)と(9, 12)とを筋違いに交換すれば、同時に第一列と第四列との間の交換が行われる(第112図)。

このように交換すべき四組、すなわち(2と15)、(3と14)、(5と12)、(8と9)とは、自然方陣の中心に関して、互に対称の位置にある(向き合っている)。

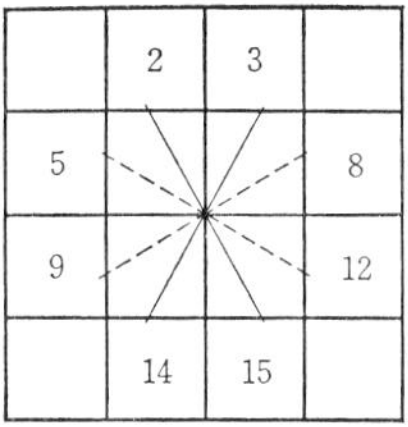

第112図

1	15	14	4
12	6	7	9
8	10	11	5
13	3	2	16

第113図

すなわち自然方陣において、両対角線上にある八つの数はそのままにして、他の八つをそれと対称の位置にある数と互に交換すれば、四方陣ができる。すなわち上の通り(第113図)。両対角線はもとより、各行、各列の和はみな等しいはずである。寄せ算をしてみるとよい。定数は34である。この魔方陣はデューラーの憂鬱の魔方陣(一四〇頁)とよく似ているが、少しく違う。われわれのは魔術なしで明朗である。しかも年紀一五一四を示すべき15、14は上方に並んでいる。これを下へやりたければ、さかさまにすればよい(行の順序を逆にする)。右廻りに九十度廻わして、漢字で書けば、右の中央に一五一四ができる。いったんできた魔方陣を横に倒し、またはさかさまにしたり、あるいは裏から見たり、裏から見て横倒し、またはさかさまにして、一つの魔方陣を八通りに見せることは、何でもないことだから、いままで述べなかった。

上記の方法は、八、十二等(四の倍数)の方陣にも適用される。八方陣の場合には、自然方陣を四等分して、各部分の対角線を引いて、その上の数には触れないで、その他を対称の位置にある数と交換すればよい。小平方の八つの対角線は二つずつ合せて全平方の右組および左組の四つの対角線になっている。

1	63	62	4	5	59	58	8
56	10	11	53	52	14	15	49
48	18	19	45	44	22	23	41
25	39	38	28	29	35	34	32
33	31	30	36	37	27	26	40
24	42	43	21	20	46	47	17
16	50	51	13	12	54	55	9
57	7	6	60	61	3	2	64

1	2	3	4	5	6	7	8
9	10	11	12	13	14	15	16
17	18	19	20	21	22	23	24
25	26	27	28	29	30	31	32
33	34	35	36	37	38	39	40
41	42	43	44	45	46	47	48
49	50	51	52	53	54	55	56
57	58	59	60	61	62	63	64

第114図

上記の方法ははなはだ簡明であったが、不幸にしてそれは六方陣、十方陣など半偶数方陣には当てはまらない(半偶数とは、2では割れても、4では割れない数2、6、10、14等々のこと)。もっとも交換の方法を適当に修正すれば、できるにはできるが、複雑だから興味がない。われわれはむしろ、四方陣を核として、それを一皮で包んで六方陣を作る方法を説明するのが、適切であろうと思う。

四方陣の周りに一側付けると、六方陣になって、目数は16が36になる。すなわち20目の増加である。さて、1から36までの数の中で、始めの十と終りの十とを除けておいて、中の十六すなわち11、12、……、26で四方陣ができる。——任意の四方陣を取って、各数を10ずつ増せばよい。それを核として第115図の中空の所へ入れておいて、外側の二十の目の中へ、除けておいた二十の数(＊)(次頁の表)を、うまく配置して、六方陣を製造しよう、というのが、われわれの目標である。

さて六方陣の定数は111である(それは自然形六方陣の対角線上の六つの数の和1＋8＋15＋22＋29＋36)。四方陣の定数は34であったけれども、われわれが核にした四方陣では、本来の四方陣の各数に10を加えたのだから、定数は40だけ増大して74になっている。すな

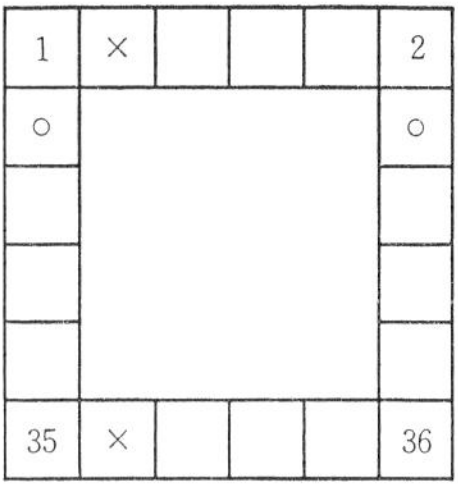

〔a〕

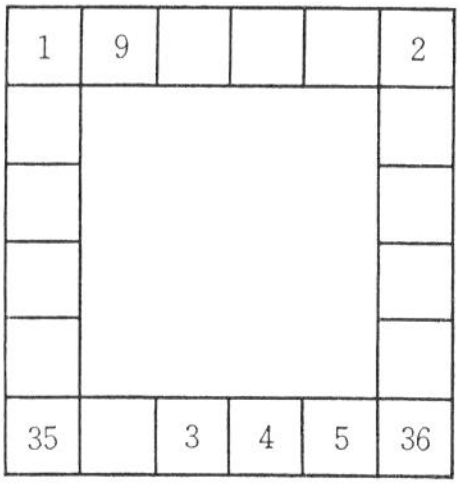

〔b〕

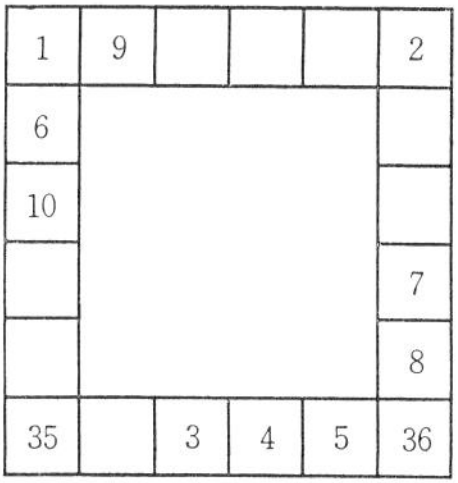

〔c〕

第115図

（＊）

1	2	3	4	5	6	7	8	9	10
36	35	34	33	32	31	30	29	28	27

わち外周追加のために、111－74すなわち37だけの増加が、必要である。故に、第115図〔a〕のように外周の上側の両端に1、2を置くならば、それに対する下側の両端には36、35を置かねばならない。また中間の行（または列）では○印（または×印）の所へ置くべき二つの数はその和が37でなければならない。すなわち、上表（＊）に上下に並べた二つの数（すなわち37に関して、互に余数なる二つの数）でなければならない。

さて外周の各行または各列の和は111であることを要するから、上表（＊）の二行の数の中、大きい組のものを三つ取らねばならない。もしも、大きい組から二つだけ取れば、和は高々36＋35＋10＋9＋8＋7すなわち36＋35＋34（＝111－6）で定数111に達しない。また大きい組から四つ取れば、和は少くとも27＋28＋29＋30＋1＋2（＝111＋6）で111を超過する。よって第115図の場合、第1行×の所へ小さい組のxを入れるとすれば、残りの三ケ所へは大きい組の$37-x_1$, $37-x_2$, $37-x_3$を入れねばならない。ただし、ここでxなる文字は1ないし10から1、2を除いた範囲内の互に異なる四つの数である。さて第一行の和は111であるべきだから

$$1+x+(37-x_1)+(37-x_2)+(37-x_3)+2=111$$

になることを要する。この等式の左辺にある三つの37は合せて右辺の111に等しいから、それらを相殺して、整理すれば

$$3+x=x_1+x_2+x_3$$

右辺は少くとも3+4+5=12だが、そのとき$x=9$とすればちょうどよいから、試に

$$x=9,\quad x_1=3,\quad x_2=4,\quad x_3=5$$

としてみる。それを第115図の第一行、第六行へ書き込んでみれば、〔b〕のようになる。上下の空所へは同じ列で37に関する余数を入れるのである。

今度は第一列であるが、そこにはすでに1と35とが入っているから、あとの四ケ所へは小さい組二つと、大きい組二つを入れるべきだが、それらを

$$y_1,\quad y_2,\quad 37-z_1,\quad 37-z_2$$

とする。y_1、y_2、z_1、z_2は1ないし10の範囲から、すでに使ってしまったもの（1、2、3、4、5、9）を除いた残りの四つ6、7、8、10であるが

$$1+y_1+y_2+(37-z_1)+(37-z_2)+35=111$$

にせねばならない。この条件を整理すると

$$y_1+y_2=z_1+z_2+1$$

1	9	34	33	32	2
6	26	13	12	23	31
10	15	20	21	18	27
30	19	16	17	22	7
29	14	25	24	11	8
35	28	3	4	5	36

第116図

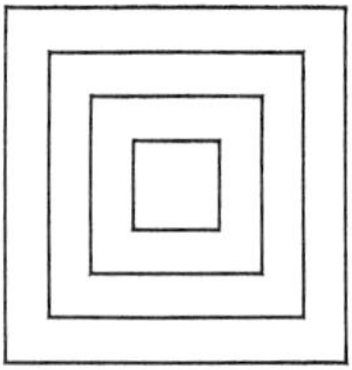

第117図

になる。だから y_1、y_2 を6、10、z_1、z_2 を7、8にすればちょうどよい。第115図へ書き込めば、〔c〕のようになる。周の空所は、行でも列でも、37に対する余数を入れるはずであった。いま核として、デューラーの「憂鬱陣」(一四〇頁)を取るならば、第116図の六方陣ができる。

上記の解は一意的でない。つぎのような解もある。

$$x = 10, \quad x_1, x_2, x_3 = 3, 4, 6$$

$$y_1, y_2 = 7, 8, \quad z_1, z_2 = 5, 9$$

われわれは試に1、2を外周の隅に置いたのであったが、それは必ずしも必要でないから、皮付けは幾通りもでき得るであろう。しかし、1、2を隅に置くことにきめても解は必ずある、というのは四方陣を核として六方陣ができ、それを核として八方陣ができる、等々である。このようにして、同心方陣ともいうべき任意目数の偶数方陣が作られる。くだくだしいから説明しないが、根気よくやれば、必ずできる。こういう賃仕事はつまらない。

1	14	22	10	18
25	8	16	4	12
19	2	15	23	6
13	21	9	17	5
7	20	3	11	24

第118図

5から右へ桂馬に飛んで1．1から左へ桂馬に飛んで6．5，6は同じ列にある．飴棒式では6は5の上隣である．

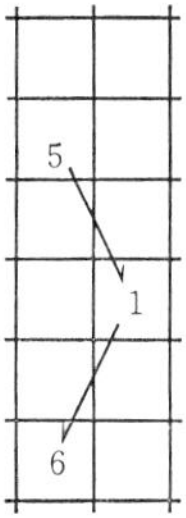

第119図

以上、われわれは任意の目数の魔方陣を作るもっとも手近な方法を述べて、魔術の種明しをしたのであるが、科学的に興味ある収穫は少かったようである。さて上記の説明からも見えるように、奇数方陣は簡明だから、いま少しくそれの考察を続ける。やっぱり五方陣を例として述べる。

随意の目から始めて1、2、3、……を桂馬飛びに並べて行くと、上のような五方陣ができる(第118図)。

この図では、1を左上の隅に置いて、それから右下へ桂馬飛びをして2を置き、2から再び桂馬に飛んで3を置いた。3から桂馬に飛べば方形の外へ出てしまうが、例の通り方形の下辺から上辺に(また右辺から左辺に)接続すると考えるのである。そうすると4は第四列の二行目へ来る、そこから桂馬に飛んで5を置く、5から桂馬に飛べば、出発点の1へ返る。どこから、飛び始めても、五遍飛べば、出発点に返るのである。そこで1から左へ桂馬に飛んだ所に6を置く、方形内に直せば6は第五列の三行目に来る。それは5のすぐ上である。さて6から、五たび桂馬に(右へ)飛べば7、8、9、10を経て6へ返る(図を参照)。6から左へ桂馬に飛べば11の所へ来る。そこから再び同様にして12、13、14、15を入れて、15の直上に16を入れ、そこから17、18、19、20と桂馬に飛んで、20の直上に21を入れ、桂馬に飛んで22、23、24、25を置くのである。

つまり自然方陣の第一列の数1、6、11、16、21を1から左へ桂馬飛びに置き、自然方陣の各行の数はその行の始めの数、すなわち1、6、11、16、21から右へ桂馬飛びに置くのである。

このようにして作られた五方陣(第118図)では、各行、各列の和が定数65になるのみでなく、対角線は、第一、第二の対角線のほか、左組右組すべて、すなわち合せて十本の対角線上の和が全部定数65に等しい。超魔方陣ともいうべきこの種の方陣に、いろいろの名称が与えられた。悪魔的(diabolique)または汎魔方陣(panmagic)または筒状方陣等々。筒状というのは、方形の左右両辺(または上下両辺)を(飴棒式に)接続せしめて、それを筒状にするとき、十本の対角線の対等性が鮮明になるからであるが、このような筒を任意の列または行の所で切り離して平方にしても、汎魔方性は失われない。それは、元のままの平方の列または行を環状に置き換えるに等しい。この方法によって1が任意の位置に持ち来されるのである。

汎魔方陣は、3で割れない奇数目の場合には、桂馬飛びの方法によって作られる。目数が3の倍数(3、9、15、21、……)のときには、1の位置を適当に取れば、通常の魔方陣にはなるが、汎魔方陣は得られない。汎魔方陣の秘密を探るには、方陣の目を行と列との番号を用いて、座標式に言い表わすのが得策である。ただしその番号は0から始めて0、1、2、3、4を用いる方が便利である。すなわち最上行は第0行、最下行は第4行、最左列は第0列、最右列は第4列とする。例のように、平方の上下および左右の辺は接続していると考えるときには、座標において5だけの差を無視する。例えば、或る目から右へ桂馬に飛べば、行の番号に2が加わり、列の番号に1が加わるのだから、(1, 3)から桂馬に飛べば(3, 4)へ来るが、その(3, 4)から桂馬に飛べば(5, 5)へ来る。それは(0, 0)を意味する。等々。

	0	1	2	3	4
0	00	01	02	03	04
1	10	11	12	13	14
2	20	21	22	23	24
3	30	31	32	33	34
4	40	41	42	43	44

第120図

第120図の座標を五進法の数字と見れば、それは0から24まで

00	23	41	14	32
44	12	30	03	21
33	01	24	42	10
22	40	13	31	04
11	34	02	20	43

第121図

を自然の順序に並べたいわゆる自然方陣である。まず五進法の意味を説明する。われわれの日常用いる数の命名法は十を基準とする十進法であるが、五進法は十の代りに五を用い、したがって数字は0、1、2、3、4の五つで事足るのである。十進法で12と書けば、それは十プラス二を意味するが、五進法では12は五プラス二、すなわち七を意味する。同様に24は五の二倍プラス四(すなわち十四)、100は五の二乗(すなわち二十五)、1000は五の三乗(すなわち百二十五)で111は5^2+5+1(すなわち三十一)である。よって第120図を五進法で表わされた数の方陣と見れば、それを十進法で書けば第0行は0、1、2、3、4、第1行は5、6、7、8、9等々、第4行は20、21、22、23、24である。

さて、0から始めて24までの数を、五進法で書き表わして、第118図のような桂馬飛びの五方陣を作るならば、右のようになる(第121図)。この図において、各行、各列および左組、右組の各対角線上にある五つの数を見ると、一の位にも五の位にも数字0、1、2、3、4が揃っている。だから五つの数の和はみな等しくなるわけである。$0+1+2+3+4=10$だから、この相等しい和というのは五の10倍プラス10すなわち60である。それが五次魔方陣の定数65よりも5だけ小さいのは、0から始めたために、各数が1だけ小であるからである。このように、五進法で書けば、われわれの五方陣の汎魔方性が、一見して明白になる。

でき上っている第121図の方陣を見れば、まったく右の通りで、汎魔方性は明らかであるが、さて桂馬にいかなる魔性があって、このような手品ができるのであろうか。それはわれわれの研究心を唆る問題である。この際、研究心は大袈裟だが、しかしわれわれはいまだ完全に汎魔方陣を征服していないようである。迷宮の中にあっても、手引があって、生命に別条がない、といった程のことである。そこで、いま一奮発して、迷宮内の独り歩きができるようになろう。

迷宮といっても、当面の場合、それは方形の二十五目である。その一つの目から他の目へ行くことは、縦に一目の移行と、横に一目の移行と、これら二つの単純なる行動の繰り返しによってできる。そこで、縦に下へ一目行く動作(または作用)をXと略称し、また横に右へ一目行くのをYと略称する。そうしたところで、右への桂馬飛びは、下へ二目、右へ一目の移行だから、それを$2X+Y$と書く。$2X$というのはXなる作用を二度繰り返すことの略記で、また＋は$2X$の後にさらにYを行うことの符牒である。また左への桂

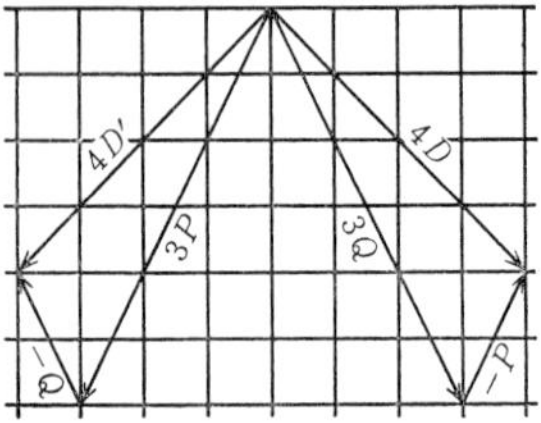

$4D=3Q-P$
$4D'=3P-Q$

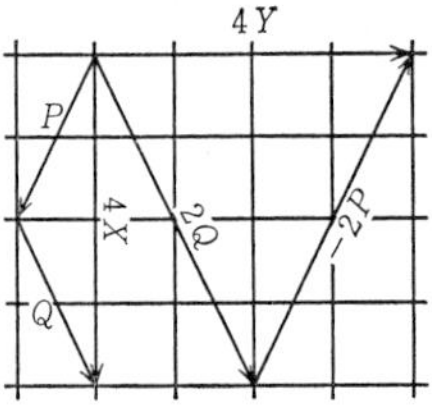

$4X=P+Q$
$4Y=2Q-2P$

第122図

馬飛びは、下へ二目、左へ一目の移行だから、それを $2X-Y$ と書く。$-Y$ というのは Y の逆戻り(左へ一目)の意味で、$2X-Y$ は「$2X$ の後、さらに $-Y$」の意味である。以下、記号の意味は、これに準じて諒察を乞うのである。いま差し当り、桂馬飛びが目標になっているから、便利上左へおよび右への桂馬飛びを、それぞれ P、Q と略記する。すなわち

$$P=2X-Y,\quad Q=2X+Y \qquad (1)$$

さて前に経験したように、右左の桂馬飛びの繰り返しで、任意の目から、他の任意の目へ行けるのだから、特に X および Y が P、Q の繰り返しとして表わされるであろう。それは上記(1)を X、Y に関して解けば得られる。すなわち

$$4X=P+Q,\quad 4Y=2Q-2P \qquad (2)$$

ついでに一目の斜行を D、D' と書くならば

$$D = X+Y,\qquad D' = X-Y \qquad (3)$$

だから、(2)を用いて

$$4D = 3Q-P,\qquad 4D' = 3P-Q \qquad (4)$$

これらを計算で抽象的に出したが、図の上で、その具体的の意味を確認することが大切である(第122図)。

$$\begin{array}{lll} P=2X-Y, & Q=2X+Y & (1) \\ D=X+Y, & D'=X-Y & (3) \\ X=4P+4Q, & Y=2P-2Q & (2) \\ D=P+2Q, & D'=2P+Q & (4) \end{array}$$

前記(1)、(2)、(3)、(4)は一般に通用するが、五方陣の場合には、5の倍数だけの差は無視してよいから(飴棒式)4と-1、3と-2とは互に流用してよい。その流用によって、前記公式を使いやすく書き直せば、上の公式を得る。ただし、これらは五方陣に限って通用するものである。

この公式を使って、第121図の方陣において、任意の目にいかなる数が配置されてあるかを知ることができる。例えば(2, 3)なる目は(0, 0)から$2X+3Y$なる移動によって達せられるが、公式(2)によって計算すれば(5の倍数を引いて)

$$2X+3Y = 4P+2Q$$

さて第121図では、或る目に移動Pを行うとき、五の位の数字が1

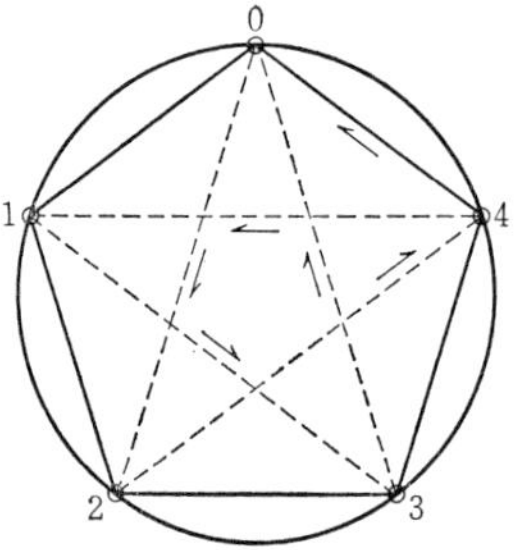

第123図
5の倍数を無視する寄せ算例．3に2を次々に加えて行けば0, 2, 4, 1, 3になる．また3に4を次々に加えて行けば2, 1, 0, 4, 3になる．

増して、一の位の数字は変らず、また移動Qでは、五の位の数字は変らないで、一の位の数字が1増すから、上記$4P+2Q$によって00は42になる。これが第121図で目(2, 3)にある数である。

この方法によって、第121図の或る行、または列の数を求めるならば、まず行ではYによって次々の目に移るのであるが、公式(2)によれば$Y=2P+3Q$だから、第121図では同じ行では、右へ一目行くごとに第一、第二の数字にそれぞれ2、3が加わる。同様に$X=4P+4Q$だから、同じ列では一目下るごとに数字に4、4が加わる。もちろん5以上の数字が出れば、5を引いて0、1、2、3、4の中へ引き直すのである。例えば$2X=8P+8Q$だけれども、5だけの差を無視すれば$2X=3P+3Q$だから、00から二目下の所へは、88の代りに33が来る(例の飴棒式である)。また$D=P+2Q$だから、左組対角線の上で一目斜行するごとに、数字に1、2が加わり、$D'=2P+Q$だから、右組対角線の上では数字に2、1が加わる。このように或る数に1、または2、または3、または4を次々に加えるならば、5の倍数を無視すれば、結果は全体において0、1、2、3、4になるから、第121図の行、列、および左組右組対角線上に配置される五つの五進数において、五の位にも一の位にも0、1、2、3、4が揃うのである。

目数が3の倍数なるとき、桂馬飛びで汎魔方陣ができないことも、上記の公式で説明される。一例として九方陣を考察するために公式(2)、(4)を整理すれば(9の倍数を無視して)

$$X = 7P + 7Q, \quad Y = 4P + 5Q$$
$$D = 2P + 3Q, \quad D' = 3P + 2Q$$

このX、Yの式から、前のようにして方陣の行および列はうまく行くが、D、D'の式の右辺の係数に3があるために対角線に支障が生ずる。すなわち左組対角線では第一数字には、0、1、2、……、8が揃うが、第二数字は3を次々に加えて行くのだから、つまり0、3、6、0、3、6、0、3、6を、次々に加えることになる。また右組対角線では第一数字において同じ事態が生ずる。

しかし対角線上で字数に0、1、2、……、8が揃わなくとも、和が定数になればよいのだが、左右両組とも不規則数字は0、3、6、または1、4、7または2、5、8の三

$$\left.\begin{array}{l} P = aX + bY \\ Q = cX + dY \end{array}\right\} \quad (1)$$

$$\left.\begin{array}{l} (ad-bc)X = dP - bQ \\ (ad-bc)Y = -cP + aQ \end{array}\right\} \quad (2)$$

$$\left.\begin{array}{l} (ad-bc)D = (d-c)P + (a-b)Q \\ (ad-bc)D' = (d+c)P - (a+b)Q \end{array}\right\} \quad (3)$$

汎魔n方陣の条件

つぎの数とnとの間に共通の約数なきこと

$a,\ b,\ c,\ d$

$ad-bc$

$a-b,\ c-d$

$a+b,\ c+d$

回の繰り返しになるから、その和が0＋1＋2＋……＋8＝36になるのは1、4、7の場合に限る。だから両対角線の交叉点すなわち中央の目に11、44、77または14、41、17、71、47、74なる九つの中の一つを置けば、魔方陣が得られるが、汎魔方性は生じない。もしも中央に11を置くならば00は最上行の中央に来る。

桂馬飛びによって汎魔方陣を作ったのは、周知の移動法を借用したにすぎない。桂馬に魔性があるのではない。いまn方陣の場合下へa目、右へb目の跳躍をPとし、また下へc目、右へd目の跳躍をQとする。PもQも超桂馬といった物である。これらの超桂馬を方陣内で制御するには前に述べたような三つの公式だけで十分である。

魔方陣の作り方は、平凡桂馬の場合と同様でよろしい。まず方陣の左上の隅の目、すなわち$(0,\ 0)$に0を置いて、それからPと飛んでnを置き、またPと飛んで$2n$を置く、等々。これをn回すれば$(0,\ 0)$へ戻る。これらが目標になるのである。さて0からQと飛んで1、またQと飛んで2、またQと飛んで3を置いて行くならば、n回目には$(0,\ 0)$に戻ってnが置けないが、nの位置は既定であったから、よろしい。今度はnからQと飛んで$n+1$を置き、またQと飛んで$n+2$を置き等々で、$n+n$すなわち$2n$まで行こうとすると、そこはすでにnが占領している。しかし$2n$の位置は既定であった。その$2n$の位置からQと飛んで$2n+1$を置き、またQと飛んで$2n+2$を置く、等々。こういう操作を続けて行えば、方陣の目が全部塞がる。そのとき汎魔方陣が完成するのである。

0からn^2-1まで——n進法で書けば$(0,\ 0)$から$(n-1,\ n-1)$まで——が、衝突なしに、うまく方陣の目に収まるのは$ad-bc$がnと共通の約数を有せないお蔭である。うまく収まったところで、各列において一の位にも、nの位にも$0,\ 1,\ 2,\ \cdots\cdots,\ n-1$が揃うのは、$b$、$d$が$n$と共通の約数を有せないという条件による。各行も同様であるのは、a、cとnとの間に同様の条件が約束されていたからである。左組の各対角線上

$n=5$
$a=2$
$b=-1$
$c=2$
$d=1$
$ad-bc=4$
$a+b=1$
$a-b=3$
$c+d=3$
$c-d=1$

〔また右組の各対角線上〕においても同様であるのは、$a-b$, $c-d$〔また $a+b$, $c+d$〕が n と公約数を有しないからである。超桂馬P、Qを規定する a、b、c、d に関する上記の条件が全部揃わないならば、かたわの魔方陣が生れるであろう。

前に述べた平凡桂馬の五方陣では、右上のように、すべての条件が幸いにして揃っていた。

不幸なのは、第一、n が偶数なる場合である。そのとき、上記条件は a、b、c、d が奇数なることを要求するから、すでに $ad-bc$ が奇数であり得ない。だから方陣が、うまく塞がれない。

つぎに不幸なのは、n が奇数でも、それが3の倍数である場合である。3で割れるか、割れないか、割れないならば、割り切れない端下は1か2かということを目標にすると、整数が三つの種類に分類される。つぎの表の三列がそれらの三類で、それらの三類はそれぞれ0、1、2で代表される。その代表によって、これらの三類を0類(それは3の倍数)、1類、2類と略称しよ

2　5　8　11　……
1　4　7　10　……
0　3　6　9　……

う。さてわれわれの条件によって a、b、c、d は0類に属してはいけない。その条件の下において、$ad-bc$ が0類に属しないようにすることはできる。だから方陣をうまく塞いで、かつ各列、各行に関して1の位と n の位とに0, 1, ……, $n-1$ が揃うようにはなる。しかし、1類、2類の中で a、b が同じ類に属するならば $a-b$ は3で割れ、また a、b が違った類に属するならば $a+b$ が3で割れる。c、d に関しても同様だか

00	64	51	45	32	26	13
55	42	36	23	10	04	61
32	20	14	01	65	52	46
11	05	62	56	43	30	24
66	53	40	34	21	15	02
44	31	25	12	06	63	50
22	16	03	60	54	41	35

七進法

$n=7$
$P=X+4Y$
$Q=2X+3Y$
$ad-bc=-5$
$a-b=-3$
$c-d=-1$
$a+b=5$
$c+d=5$

0	46	36	33	23	20	10
40	30	27	17	7	4	43
24	14	11	1	47	37	34
8	5	44	41	31	21	18
48	38	28	25	15	12	2
32	22	19	9	6	45	35
16	13	3	42	39	29	26

十進法

第124図

ら、左組、右組の各対角線においては、われわれの注文に応ずることはできない。したがって汎魔方陣が生じない(というのは、もちろん超桂馬の方法からは生じないというのである。汎魔方陣が絶対に作られないか、どうか、それは別問題である)。

一例として汎魔七方陣を作ってみよう(第124図)。

士官三十六人の問題――オイラーの方陣

六つの連隊から六階級の士官（大・中・少佐、大・中・少尉）一人ずつ、合せて三十六人が集まって、六行六列に並んで、各行各列に各連隊、各階級が代表されることがあるか。

これがオイラーの士官三十六人の問題である。この問題で、六という数が大切である。オイラーが士官を選んだのは、フレデリック大王治下のプロシアを偲ばしめる。

六の代りに四を取るならば、問題は容易に解ける。例えば、トランプの札の中からクラブ、スペード、ハート、ダイヤのポイント、キング、クイン、ジャックの十六枚を四行四列に並べて、各行各列にクラブ、スペード、ハート、ダイヤが一枚ずつ、また各行各列にポイント、キング、クイン、ジャックが一枚ずつあるようにする、といった問題である。

見やすいために四つの種類に1、2、3、4の番号を付けよう。

1　クラブ　　ポイント

2　スペード　キング
3　ハート　クイン
4　ダイヤ　ジャック

そうして二つの数字を用いて、例えば12はクラブのキング、21はスペードのポイントというように、十六枚の札を書き表わそう。

11	22	33	44
23	14	41	32
34	43	12	21
42	31	24	13

A ♣	K ♠	Q ♡	J ◇
Q ♠	J ♣	A ◇	K ♡
J ♡	Q ◇	K ♣	A ♠
K ◇	A ♡	J ♠	Q ♣

第125図

並べ方は幾通りもあるが、つぎのがもっとも見やすいであろう(第125図)。

オイラーの問題を一般化して言えば、つぎの通りである。

数字1、2、……、nを二つ組み合せた(1, 1)、(1, 2)、(2, 1)、(2, 2)、……、(n, n)なるn^2個の記号をn行n列に配置して、各行、各列において、第一の数字にも、第二の数字にも、1、2、……、nが揃うようにすること。

このような行列をn次のオイラー方陣という。

前に記した4次のオイラー方陣から、第一の数字だけを切り離してみると、第126図のようになって、各行各列に1、2、3、4が一回ずつ配置されている。言い換えれば、各行は1、2、3、4の順列であって、どの列にも同じ数字の重複がない。このような行列をラテン方陣といっている。

ラテン方陣(Latin square)というのは、例の合い言葉である。上文に11、12などと書いたところを、オイラーは $a\alpha$、$a\beta$ などと、ラテン字とギリシャ字とで書いた。それに因んで、オイラー方陣の第一数字だけを切り離して作った方陣を、ラテン方陣と名付けたのだそうである。いわれを聞けば、たわいもないのだが、いまに第二数字の方陣をグレシャ方陣と言うだろうなどと期待するのは早計である。それは、やっぱりラテン方陣である。「グレシャ方陣」がラテン方陣であることは、ラテン方陣の定義によって明白であろう。

1	2	3	4
2	1	4	3
3	4	1	2
4	3	2	1

第 126 図

1	2	3	4
3	4	1	2
4	3	2	1
2	1	4	3

第 127 図

上記のラテン方陣を作るには、まず第一に1、2、3、4を、そのまま自然の順序に書いて、そこで1と2とを入れ換え、また3と4とを入れ換えて作られる順列を第二行に書く(第126図)。このような入れ換えを見やすく(1, 2)(3, 4)と略記する。そうすると第三行第四行は第一行からそれぞれ(1, 3)(2, 4)および(1, 4)(2, 3)なる入れ換えによって生ずる順列である。なる程、こうすれば、どの列にも、同じ数字が二回配置されることはないから、ラテン方陣がで

I	II
II	I

1,1	2,2	3,3	4,4	5,5	6,6	7,7	8,8
2,3	1,4	4,1	3,2	6,7	5,8	8,5	7,6
3,5	4,6	1,7	2,8	7,1	8,2	5,3	6,4
4,7	3,8	2,5	1,6	8,3	7,4	6,1	5,2
5,4	6,3	7,2	8,1	1,8	2,7	3,6	4,5
6,2	5,1	8,4	7,3	2,6	1,5	4,8	3,7
7,8	8,7	5,6	6,5	3,4	4,3	1,2	2,1
8,6	7,5	6,8	5,7	4,2	3,1	2,4	1,3

第128図

きるはずである。

さていったんラテン方陣ができた以上、その行を任意の順序に置き換えても、それはやっぱりラテン方陣である。そこで上記のラテン方陣で、第一行はそのままにして、第二行以下を順繰りに循環式にずらすならば、第127図のようなラテン方陣が生ずる。これが、第125図の表の第二の数字の排列である。

同じような方法で、8次のオイラー方陣が作られる。すなわち上の通り(第128図)。

この表の第一の数字からなるラテン方陣は、六十四目を上のように四等分して、ＩＩの所へは第125図の4次のラテン方陣を入れ、またIIIIの所へは、1、2、3、4を5、6、7、8に代えた同じラテン方陣を入れたものである。このラテン方陣の行を1357 42 86の順序に置き換えたものが、第二数字のラテン方陣である。

奇数次のオイラー方陣は簡単に作られる。一例として5次を取る(第129図)。第一数字としては、第一行に12345を順に並べ、第二行以下はそれを順繰りに一つずつ循環的にずらして作る。また第二数字は第一数字の行を15432の順に置き換えて作るのである。このようにすれば、第一数字は右組対角線の上で順次に12345で、第二数字は左組対角線の上で12345である。さて奇数目の場合、右組と左組との各対角線はただ一目において交叉するから11、12、……、55の各組が一箇所ずつに配置されている。例えば23は右組の第二対角線と左組の第三対角線との交叉する所、すなわち第三行第五列にある。

1,1	2,2	3,3	4,4	5,5
2,5	3,1	4,2	5,3	1,4
3,4	4,5	5,1	1,2	2,3
4,3	5,4	1,5	2,1	3,2
5,2	1,3	2,4	3,5	4,1

第129図

奇数次のオイラー方陣は、幾次でも、同じ方法で作られる。奇数次のオイラー方陣は、汎魔方陣を作ったときにできているはずであるが、オイラー方陣は汎魔方陣と違って、対角線に関しては何らの要求もしないから、右のように極めて簡単に作られるのである。

つぎにはオイラー方陣の結合法を述べる。すなわちいま m 次と n 次とのオイラー方陣 A、B ができたとするとき、それをつぎのように結合して、mn 次のオイラー方陣が作られる(m と n

aa	*bb*	*cc*	*dd*
bc	*ad*	*da*	*cb*
cd	*dc*	*ab*	*ba*
db	*ca*	*bd*	*ac*

〔A〕

11	22	33
23	31	12
32	13	21

〔B〕

第130図

とは同じでもよい)。いま、一例として第125図の4次方陣Aと、つぎの3次方陣B(第130図〔B〕)とを結合して、12次のオイラー方陣を作ってみよう。ただし、見やすいために、4次方陣は、数字1、2、3、4の代りに文字a、b、c、dを用いて書いておく(第130図〔A〕)。

さて、12×12目の方形を九等分して4×4目の平方とし、各平方内に右の4次方陣Aを書くのだが、まず差別のために3次方陣Bの同位置にある二つの数字をAに添えておく(第131図)。さて、いよいよ各小方形内に方陣Aを書き入れるのだが、そのとき、第一文字と第二文字とに、Aに添えてある数字を付けて書く。例えばA_{23}の所はつぎの第132図のようにする。第131図の九つのA_{ij}の所へ、このような4次方陣を入れれば、文字a、b、c、dに添え字1、2、3の付いた合せて十二の記号で作られたオイラー方陣が生ずるであろう。——なるほど、そうすれば、abといった文字の組合せが九つの小方形内の同位置に一回ずつ出るが、それらはa、bの添え字で区別されるから、ちょうどよい。

a_2a_3	b_2b_3	c_2c_3	d_2d_3
b_2c_3	a_2d_3	d_2a_3	c_2b_3
c_2d_3	d_2c_3	a_2b_3	b_2a_3
d_2b_3	c_2a_3	b_2d_3	a_2c_3

第 132 図

A_{11}	A_{22}	A_{33}
A_{23}	A_{31}	A_{12}
A_{32}	A_{13}	A_{21}

第 131 図

1,1	2,2	3,3	4,4	5,5	6,6	7,7	8,8	9,9	10,10	11,11	12,12
2,3	1,4	4,1	3,2	6,7	5,8	8,5	7,6	10,11	9,12	12,9	11,10
3,4	4,3	1,2	2,1	7,8	8,7	5,6	6,5	11,12	12,11	9,10	10,9
4,2	3,1	2,4	1,3	8,6	7,5	6,8	5,7	12,10	11,9	10,12	9,11
5,9	6,10	7,11	8,12	9,1	10,2	11,3	12,4	1,5	2,6	3,7	4,8
6,11	5,12	8,9	7,10	10,3	9,4	12,1	11,2	2,7	1,8	4,5	3,6
7,12	8,11	5,10	6,9	11,4	12,3	9,2	10,1	3,8	4,7	1,6	2,5
8,10	7,9	6,12	5,11	12,2	11,1	10,4	9,3	4,6	3,5	2,8	1,7
9,5	10,6	11,7	12,8	1,9	2,10	3,11	4,12	5,1	6,2	7,3	8,4
10,7	9,8	12,5	11,6	2,11	1,12	4,9	3,10	6,3	5,4	8,1	7,2
11,8	12,7	9,6	10,5	3,12	4,11	1,10	2,9	7,4	8,3	5,2	6,1
12,6	11,5	10,8	9,7	4,10	3,9	2,12	1,11	8,2	7,1	6,4	5,3

a_1	b_1	c_1	d_1	a_2	b_2	c_2	d_2	a_3	b_3	c_3	d_3
1	2	3	4	5	6	7	8	9	10	11	12

第 133 図

もちろんこれら十二の記号を1から12までの数字または別々の文字a、b、c、d、……、k、lで置き換えてもよい。もしも数字を宛てるならば、十二方陣は第133図のようになる。

この方法によって、4次と8次とのオイラー方陣に、次々に4次の方陣を結合して行けば、16次、32次、64次、等々、すなわち次数が2の冪《べき》(累乗)なるオイラー方陣が作られる(もちろんこれらの次数の方陣は8次の方陣と同じような方法で、直接にも作られる)。これらに奇数次の方陣を結合すれば、次数が4の倍数なる方陣が作られる。

残るところは次数が2、6、10等、いわゆる半偶数なる場合である。2次のオイラー方陣が不可能なることは明白である(11をどこに置くとしても、その行に22を置かねばならず、またその列に22を置かねばならぬから)。6次の方陣はすなわち士官三十六人の問題であるが、問題の提出者オイラーは、多年苦心考究の後、それはおそらく不可能であろうと思われるが、その不可能の証明がむつかしくて、できないと言っている。案外、素人が意想外の思い付きで、問題を解決することもあろうかと、万一を僥倖して、問題を通俗的の形式にして提出したのかと思われる。今日では、6次のオイラー方陣の不可能なることだけは確定しているが、10次以上、一般に半偶数次のオイラー方陣に関しては、吾人の知識は皆無に近い。

6次オイラー方陣の不可能なることは、G. Tarry が試行によって験証したと言われている。その詳細なる報告は、フランス科学協会記事、一九〇〇年号(Comptes rendus de la Société française pour l'avancement des sciences, 1900)に掲載されている由であるが、この文献に予はいまだ属目しない。P. Wernicke(ドイツ数学協会年報、一九一〇年)は、一般半偶数次オイラー方陣の不可能性の証明を発表したが、それが誤謬であることが、近頃指摘された。

〔編集部注：n が2、6以外ならば n 次オイラー方陣は存在することが一九五九年に証明された。〕

11	22	33	44	55	66
26	31	45	63	14	52
34	65	12	56	23	41
—	54	—	32	61	13
53	16	64	21	42	35
62	43	51	15	36	24

第134図

上記のように、士官三十六人の問題は不可能であるが、オイラーは、二つの空位を残して、士官三十四人をオイラー方陣の条件に従って排列し得ることを示した。上に掲げたのは、オイラーの作った排列の一例である(第134図)。

この表には、46、25が欠けている。それらを空位へ入れるならば、第一列、第三列において第二の記号に6、5が重複する。

しかしながら、もしも二つの空位を存することが許容されるならば、一般に任意の半偶数次の「不完全」オイラー方陣が容易に作られる。その方法をここに説明することは、さ

00	11	22	33	44	55
12	23	34	45	50	01
24 (35)	—	51	10	02	43
41	30	03	52	25	14
53	42	15	04	31	20
—	54 (05)	40	21	13	32

00	11	22	33	44	55	66	77	88	99
12	23	34	45	56	67	78	89	90	01
24	35	46	57	68	79	80	91	02	13
36	47	58	69	70	81	92	03	14	25
48 (59)	—	71	10	93	32	04	65	26	87
61	50	83	72	05	94	27	16	49	38
73	62	95	84	17	06	39	28	51	40
85	74	07	96	29	18	41	30	63	52
97	86	19	08	31	20	53	42	75	64
—	98 (09)	60	21	82	43	15	54	37	76

第135図

し控えるが、一例として10次の場合と、オイラーの例との比較のために、同じ方法で作った6次の方陣とを掲げた(第135図)。ただし、便宜上、記号の数字を0から始めた。10次の方には、59、09が欠けているが、それらを48、98に代えてもよい。

解説

彌永昌吉

はじめに

高木貞治先生の『数学小景』が岩波現代文庫の一冊として再刊されるという。先生の晩年の弟子として、教えを受けることができた私にとってもたいへん喜ばしいことである。以下、先生の略歴を振り返り、本書の内容にも一言触れることにしたい。

本書のオリジナルは、一九四三年に高木貞治先生が執筆され、岩波書店から出版された同名の書物である。多くの読者から歓迎されて翌年ただちに再版された。その後も何回か版を重ねたが、最近は長いこと絶版だった。

高木先生のこと

本書の著者高木貞治先生は一八七五年岐阜県に生まれられ、三高、東大に学んだのち、ヨーロッパに留学、主としてドイツに学ばれた。特に数論の研究に興味を持ち、ガウス数体上のアーベル拡大が楕円関数の特殊値から得られることを証明して、在独中に学位を獲得、東大助教授に任ぜられた。一九〇一年帰国して東大の教壇に立ち、一九三六年定年退職にいたるまで、研究・教育に従事された。第一次大戦で内外の交通が途絶した間、数学の研究を独学で推進され、いわゆる類体論の結果を得て、一九二〇年東大理学部紀要に独文で発表された。

ちょうど同年、第一次大戦後初めての国際数学者会議(International Congress of Mathematicians)がフランスのストラスブールで開かれ、先生は出席してフランス語で講演された。不幸にして当時は戦後の和解が充分でなく、数論の研究がもっとも盛んであったドイツの研究者がこの会議に招待されていなかった、などの事情のためか、先生の研究の画期的な成果も、その場ではただちに理解されなかったようである。しかしドイツでは、この結果が注目され、一九二五年にハッセがドイツ数学会に提出した報告では、類体論の重要性が強調された。先生自身が一九二二年に新たに発表された成果の後を受けて、一九二七年にアルティンが発表したいわゆる〝一般相互法則〟は、二〇世紀の数論を新しく発展させる礎石となった。一九三二年にチューリヒで開催された国際数学者会議では、先生は副会長の一人として招待された。
東大では先生は代数・数論についてもちろん講ぜられたが、チューリヒより帰国後、複素解析入門をも含む大学初年度の学生のための〝解析概論〟を受け持たれ、その講義に基づいて著わされた同名の著書が今も先生の名著として永く読み継がれている。先生は、二〇世紀前半の日本のもっとも偉大な数学者であり、世界の数学の発展に最大の寄与をなされた方だった。

私事になって恐縮だが、以前発表した文章を抜粋して先生のお人柄を偲びたい(『数学者の世界』〔一九八二年、岩波書店刊〕所収「高木先生の思い出」一七―一九頁)。

その年の暮れに昭和と改元された大正一五年に、私は大学に入学した。
高木貞治先生は、曙町のお宅に住んでおられた。講義のため大学へ来られると、居室には寄られないで、まっすぐに教室に来られ、そこで帽子や外套を脱がれるのがつねであった。すぐ教壇に立って、黒板に字を書きはじめられる。黒板の字は濃くはなかったが、美しく読み易い字体の横文字を、ていねいに書かれた。たいてい原稿をもたれず、先生が「数学をしながら」講義しておられるのが、よく感ぜられた。

落ち着いた、淡々としたお講義であったが、ときに鋭い警句を交えられた。そして、ときどき学生の方に、正面を向けられて、微笑されることがあった。——私は、大学へ入って、そうした講義をされる高木先生に、はじめてお目に掛かったのである。

先生は、昭和三五年に八五歳でなくなられるまで、長生きをされたので、私は、はじめてお目に掛かってから三五年ばかりの間、先生と生をともにする幸運に恵まれた。〔関東大震災の後、本建築がされないままの〕バラックの仮校舎で淡々とされた講義であったが、私はそれによってはじめて、数学の本当の美しさを知らされたのである。私にとって忘れられない講義である。

本書の内容について

一般に〝数学遊戯〟と呼ばれるいわば〝小さな問題〟のグループがあるが、先生は類体論や解析概論のような〝大きな問題〟についての業績を発表して来られたため、こうした〝小さい問題〟についても興味を持っておられたことはあまり知られていなかった。一九四三年の『数学小景』は、先生がこの方面でも深い造詣を持っておられたことを示したのである。ここに見事に述べられている「数学的な物の見よう」は、数学全般に取り組むときにもっとも重要な思考の態度で、それはこれらの〝小さい問題〟を考えるときにも肝要である。いま、〝小さい問題〟と仮に呼んだそれは、簡単に解決できることを意味しない。

本書の第二版の序(再刷について)でも触れられているように、実は、本書初版には誤った箇所があり、その部分は削除されたものの根本的に書き改めることは、当時の出版事情から不可能であった。高木先生は一九六〇年に亡くなられ、その後の刊行の折りに仮名遣いを改めるなどのことはあったが、実質的な内容はそのままの形で読み継がれてきた。「数学的な物の見よう」を伝える、という目的は、充分に果たしていたからである。

今回、現代文庫に収められる、ということなので、その誤りの部分について、その後の学問の進歩についても触れながら、一言付け加えておきたい。

士官三十六人の問題

誤りがあった箇所は、最後の章の〝士官三十六人の問題〟の部分である。これはオイラー方陣の問題として知られている。一般化して述べるなら、nを自然数とするとき、次のようなn^2個の自然数からなる正方行列をn次のオイラー方陣という。すなわち二桁の

数 i と j(ただし i も j も $\{1, 2, \cdots, n\}$ の元とする)からなる正方行列があり、その各行各列とも十の位の数も一の位の数もそれぞれ $\{1, 2, \cdots, n\}$ の数字が揃い、しかもどの行にもどの列にも同じ数字が二度現われることがないようにする。例えば本書一七〇頁に見られる方陣

11	22	33	44
23	14	41	32
34	43	12	21
42	31	24	13

が四次のオイラー方陣の一例である(このように1、2、3、4を使う代わりにトランプのA、K、Q、Jおよび♧◇♡♤を使うこともできる)。特に $n=6$ の場合に、1、2、3、4、5、6の代わりに六つの連隊名と六つの士官の階級名(大・中・少佐、大・中・少尉)としたのが表題の〝士官三十六人の問題〟である。この問題を提出したのはオイラーで、当時はフレデリック大王の時代だったから、〝士官〟が登場したのであろう。

オイラーの〝士官三十六人の問題〟は、要するに〝6次のオイラー方陣を作ることは可

能か〃ということで、〃そんなものは作れない、6次のオイラー方陣は存在しない〃というのが答えである。もちろんオイラーはその答えを知っており、〃どういうnに対してオイラー方陣は存在するか〃というのが本当の問題であった。例えばm次およびn次のオイラー方陣が存在すれば、mn次のも存在する、ということは簡単に証明できる。それに関して、本書一七六頁にあるように、nが偶数で$n/2$が奇数であるとき、n次のオイラー方陣は存在しないだろう、というのがオイラー自身の予想で、一九一〇年にウェルニッケという人がその予想を証明できたと称して、ドイツ数学会誌に発表している。その証明は、実は誤りだったが、高木先生は初版を書かれたとき、ウェルニッケの発表をそのまま紹介してしまわれたのである。

学界でも、この問題が真剣に検討されるようになったのは、しばらく経ってからのことで、一九五九年にアメリカのR. C. BoseとS. S. Shrikhandeが$n=22$の反例を作り、さらにE. T. Parkerが10次の反例を作った。オイラーの予想は覆されたのである。そのことは、日本数学会の『数学』(一一巻一号、一九五九年七月号)に報告され、また同じ『数学』(一二巻二号、一九六〇年一〇月号)に故山本幸一氏が詳しく述べておられる。興味がある読者は、それらを参照していただきたい。(なお、九州大学の坂内英一教授によれば、その後はこの問題についての詳しい論文は見られないそうである。）

最後に

初版が出たとき私はおもしろく読み、誤りなどにも気づかなかった。少し経ってから誤りを注意してくれた友人があり、高木先生でも誤りをされることがあるのかと驚いたことを記憶している。しかし、考えてみれば、誰でも誤りをおかすことはあり、本書初版のこの誤りは、むしろどんなに小さい問題に見えても、高木先生がこの問題に挑まれたように、真剣に考えねばならないことを示しているように思う。

『数学小景』を読まれる読者は、「数学的な物の見よう」を学んで、数学の美しさ、おもしろさ、そしてその奥深さに深い感銘を受けられることと思う。

本書は一九四三年、岩波書店より刊行された。底本には一九八一年刊行の改訂版を用いた。なお、読みやすさを考慮し、外国人名などを通行のものに改め、難読の漢字に振り仮名を付すなどの整理を加えた。

索　引

数学小景

2002 年 4 月 16 日　第 1 刷発行
2019 年 11 月 25 日　第 6 刷発行

著　者　高木貞治《たかぎていじ》

発行者　岡 本　厚

発行所　株式会社 岩波書店
〒101-8002 東京都千代田区一ツ橋 2-5-5

案内 03-5210-4000　営業部 03-5210-4111
https://www.iwanami.co.jp/

印刷・精興社　製本・中永製本

ISBN 4-00-600081-2　　Printed in Japan

岩波現代文庫の発足に際して

新しい世紀が目前に迫っている。しかし二〇世紀は、戦争、貧困、差別と抑圧、民族間の憎悪等に対して本質的な解決策を見いだすことができなかったばかりか、文明の名による自然破壊は人類の存続を脅かすまでに拡大した。一方、第二次大戦後より半世紀余の間、ひたすら追い求めてきた物質的豊かさが必ずしも真の幸福に直結せず、むしろ社会のありかたを歪め、人間精神の荒廃をもたらすという逆説を、われわれは人類史上はじめて痛切に体験した。

それゆえ先人たちが第二次世界大戦後の諸問題といかに取り組み、思考し、解決を模索したかの軌跡を読みとくことは、今日の緊急の課題であるにとどまらず、将来にわたって必須の知的営為となるはずである。幸いわれわれの前には、この時代の様ざまな葛藤から生まれた、人文、社会、自然諸科学をはじめ、文学作品、ヒューマン・ドキュメントにいたる広範な分野のすぐれた成果の蓄積が存在する。

岩波現代文庫は、これらの学問的、文芸的な達成を、日本人の思索に切実な影響を与えた諸外国の著作とともに、厳選して収録し、次代に手渡していこうという目的をもって発刊される。いまや、次々に生起する大小の悲喜劇に対してわれわれは傍観者であることは許されない。一人ひとりが生活と思想を再構築すべき時である。

岩波現代文庫は、戦後日本人の知的自叙伝ともいうべき書物群であり、現状に甘んずることなく困難な事態に正対して、持続的に思考し、未来を拓こうとする同時代人の糧となるであろう。

（二〇〇〇年一月）

G382
思想家 河合隼雄
中沢新一
河合俊雄編

心理学の枠をこえ、神話・昔話研究から日本文化論まで広がりを見せた河合隼雄の著作。多彩な分野の識者たちがその思想を分析する。

G383
河合隼雄語録
カウンセリングの現場から
河合隼雄
河合俊雄編

京大の臨床心理学教室での河合隼雄のコメント集。臨床家はもちろん、教育者、保護者などにも役立つヒント満載の「こころの処方箋」。〈解説〉岩宮恵子

G384
新版 占領の記憶 記憶の占領
―戦後沖縄・日本とアメリカ―
マイク・モラスキー
鈴木直子訳

日本にとって、敗戦後のアメリカ占領は何だったのだろうか。日本本土と沖縄、男性と女性の視点の差異を手掛かりに、占領文学の時空間を読み解く。

G385
沖縄の戦後思想を考える
鹿野政直

苦難の歩みの中で培われてきた曲折に満ちた沖縄の思想像を、深い共感をもって描き出し、沖縄の「いま」と向き合う視座を提示する。

G386
沖縄の淵
―伊波普猷とその時代―
鹿野政直

「沖縄学」の父・伊波普猷。民族文化の自立と従属のはざまで苦闘し続けたその生涯と思索を軸に描き出す、沖縄近代の精神史。

2019.11

岩波現代文庫［学術］

G387
『碧巌録』を読む
末木文美士

「宗門第一の書」と称され、日本の禅に多大な影響をあたえた禅教本の最高峰を平易に読み解く。「文字禅」の魅力を伝える入門書。

G388
永遠のファシズム
ウンベルト・エーコ
和田忠彦訳

ネオナチの台頭、難民問題など現代のアクチュアルな問題を取り上げつつファジーなファシズムの危険性を説く、思想的問題提起の書。

G389
自由という牢獄
―責任・公共性・資本主義―
大澤真幸

大澤自由論が最もクリアに提示される主著が文庫に。自由の困難の源泉を探り当て、その新しい概念を提起。河合隼雄学芸賞受賞作。

G390
確率論と私
伊藤清

日本の確率論研究の基礎を築き、多くの俊秀を育てた伊藤清。本書は数学者になった経緯や数学への深い思いを綴ったエッセイ集。

G391-392
幕末維新変革史（上・下）
宮地正人

世界史的一大変革期の複雑な歴史過程の全容を、維新期史料に通暁する著者が筋道立てて描き出す、幕末維新通史の決定版。下巻に略年表・人名索引を収録。

2019.11

G393
不平等の再検討
――潜在能力と自由――
アマルティア・セン
池本幸生
野上裕生 訳
佐藤 仁

不平等はいかにして生じるか。所得格差の面からだけでは測れない不平等問題を、人間の多様性に着目した新たな視点から再考察。

G394-395
墓標なき草原（上・下）
――内モンゴルにおける文化大革命・虐殺の記録――
楊 海英

文革時期の内モンゴルで何があったのか。体験者の証言、同時代資料、国内外の研究から、隠蔽された過去を解き明かす。司馬遼太郎賞受賞作。〈解説〉藤原作弥

G396
過労死・過労自殺の現代史
――働きすぎに斃れる人たち――
熊沢 誠

ふつうの労働者が死にいたるまで働くことによって支えられてきた日本社会。そのいびつな構造を凝視した、変革のための鎮魂の物語。

G397
小林秀雄のこと
二宮正之

自己の知の限界を見極めつつも、つねに新たな知を希求し続けた批評家の全体像を伝える本格的評論。芸術選奨文部科学大臣賞受賞作。

G398
反転する福祉国家
――オランダモデルの光と影――
水島治郎

「寛容」な国オランダにおける雇用・福祉改革と移民排除。この対極的に見えるような現実の背後にある論理を探る。

G399
テレビ的教養
—一億総博知化への系譜—
佐藤卓己
「一億総白痴化」が危惧された時代から約半世紀。放送教育運動の軌跡を通して、〈教養のメディア〉としてのテレビ史を活写する。
〈解説〉藤竹　暁

G400
ベンヤミン
—破壊・収集・記憶—
三島憲一
二〇世紀前半の激動の時代に生き、現代思想に大きな足跡を残したベンヤミン。その思想と生涯に、破壊と追憶という視点から迫る。

G401
新版 天使の記号学
—小さな中世哲学入門—
山内志朗
世界は〈存在〉という最普遍者から成る生地の上に性的欲望という図柄を織り込む。〈存在〉のエロティシズムに迫る中世哲学入門。
〈解説〉北野圭介

G402
落語の種あかし
中込重明
博覧強記の著者は膨大な資料を読み解き、落語成立の過程を探り当てる。落語を愛した著者面目躍如の種あかし。〈解説〉延広真治

G403
はじめての政治哲学
デイヴィッド・ミラー
山岡龍一
森　達也訳
哲人の言葉でなく、普通の人々の意見・情報を手掛かりに政治哲学を論じる。最新のものまでカバーした充実の文献リストを付す。
〈解説〉山岡龍一

2019. 11

岩波現代文庫[学術]

G404
象徴天皇という物語
赤坂憲雄

この曖昧な制度は、どう思想化されてきたのか。天皇制論の新たな地平を切り拓いた論考が、新稿を加えて、平成の終わりに蘇る。

G405
5分でたのしむ数学50話
エアハルト・ベーレンツ
鈴木　直訳

5分間だけちょっと数学について考えてみませんか。新聞に連載された好評コラムの中から選りすぐりの50話を収録。〈解説〉円城　塔

G406
デモクラシーか　資本主義か
―危機のなかのヨーロッパ―
J.ハーバーマス
三島憲一編訳

現代屈指の知識人であるハーバーマスが、最近十年のヨーロッパの危機的状況について発表した政治的エッセイやインタビューを集成。現代文庫オリジナル版。

G407
中国戦線従軍記
―歴史家の体験した戦場―
藤原　彰

一九歳で少尉に任官し、敗戦までの四年間、最前線で指揮をとった経験をベースに戦後の戦争史研究を牽引した著者が生涯の最後に残した「従軍記」。〈解説〉吉田　裕

G408
ボンヘッファー
―反ナチ抵抗者の生涯と思想―
宮田光雄

反ナチ抵抗運動の一員としてヒトラー暗殺計画に加わり、ドイツ敗戦直前に処刑された若きキリスト教神学者の生と思想を現代に問う。

2019. 11

岩波現代文庫[学術]

G409
普遍の再生
—リベラリズムの現代世界論—
井上達夫

平和・人権などの普遍的原理は、米国の自国中心主義や欧州の排他的ナショナリズムにより、いまや危機に瀕している。ラディカルなリベラリズムの立場から普遍再生の道を説く。

G410
人権としての教育
堀尾輝久

『人権としての教育』(一九九一年)に「『国民の教育権と教育の自由』論再考」と「憲法と新・旧教育基本法」を追補。その理論の新しさを提示する。〈解説〉世取山洋介

G411
増補版 民衆の教育経験
—戦前・戦中の子どもたち—
大門正克

子どもが教育を受容してゆく過程を、国民国家による統合と、民衆による捉え返しとの間の反復関係(教育経験)として捉え直す。〈解説〉安田常雄・沢山美果子

2019. 11